星出版

新觀點
新思維
新眼界

Super Efficiency Hacks

用最小力氣

做 ↗ 出

最大成果

無駄な仕事が全部消える超効率ハック

Hada Kosuke
羽田康祐＿著
k_bird

游韻馨＿譯

目錄

第1章
提升**時間**的**生產力**

第2章
提升工作執行力

第3章
提升**溝通效率**

第4章
提升資料製作的**文書力**

第5章
提升開會效率

第6章
提升學習效率

第7章
提升**思考**的**生產力**

第8章
提升發想能力

前言
57項超效率工作術，切換大腦開關、創造更好的成果

「在執行工作的過程中，有時候會遇到不知該從哪裡著手的情形。」

「經常配合他人步調，讓自己疲於應付。」

「我能完成工作，但比起優秀人才，總覺得自己有所不足。」

「我明明很努力，卻一定得加班才能完成工作。」

「每天光是忙手邊的工作就累得喘不過氣，沒時間跟進部屬與後輩的工作進度。」

你是否也陷入了以上狀況，早已精疲力盡？

● 你需要的是「不拚命努力也可以」的工作訣竅

日本人自古認為「努力是一種美德」，這是根深蒂固的正向文化。

凡是認真誠懇的人都認為自己努力不夠，即使用盡自己的時間也要把工作做好，筆者認為這是很正確的觀念。

不過，現代社會主張提升生產力、改革工作型態，若將工作與生活之間的平衡、心理健康和育兒需求等因素考量在內，如今已經是不允許靠努力彌補生產力低下的時代了。

說得具體一點，「做不好是因為不夠努力」、「只要多花點時間就能做好」的想法，已經不適用於現代職場。

對現今大多數的上班族來說，最需要的不是「更努力一點」，而是「不那麼努力也可以」的工作祕訣。

2020年受到新冠疫情影響，許多企業實施遠距工作，不少人已經體驗過居家辦公的工作型態。各位一定要趁著這個機會，**將自己腦中的開關從「工作量」切換至「工作品質」。**

● 怕麻煩是提高生產力的誘因

筆者過去曾在外資顧問公司和廣告代理商工作，在不同業界累積資歷，在前者學會了合理推動事物的方法，更在後者培養出與企劃人員、創作者等各種人才合作，共同推廣活動專案的技巧。本書收錄的57項超效率工作術，全是從過去經歷學到的精髓。

一聽到「效率」和「生產力」，有些人可能會立刻產生拚命趕工的窒息感，忍不住想逃避，覺得自己怕麻煩，高效率和高生產力的工作方式不適合自己，其實這是極大

的誤解。

　　筆者的同事中野先生，就是一位「超」怕麻煩的人。**正因為他很討厭麻煩事，為了不讓自己困擾，他想出許多方法減少無謂工作，提升生產力。**他成功地將怕麻煩的個性，轉換成提升生產力的武器。

　　值得注意的是，如果為了減少繁瑣工序而過度努力使自己受苦，這是本末倒置的做法。

　　各位該做的不是「咬牙努力苦撐」，而是「切換大腦開關」。若能一一切換大腦開關、親身實踐，周遭同事對你的看法與評價一定會改觀；更重要的是，你也能在短時間內創造更好的成果。

◉ 本書設定的目標讀者與特色

　　以下是筆者在執筆本書時，認為最能夠善用、發揮本書內容的目標讀者。

1. 工作進度經常拖延或常常加班，因此感到煩惱的上班族。
2. 要在第一線衝鋒又要負責管理團隊的「選手兼教練型」（Playing Manager）公司主管。
3. 希望能準時下班接孩子回家的職場媽媽。

4. 公司高層要求改革工作型態的中階管理職。

5. 努力充實自己的新進員工和正在求職的應屆畢業生。

現代社會工作忙碌，本書也體恤讀者需求，精煉書中內容，突顯五大特色。

特色1：介紹「思考方法」與「發想技巧」

比起工作順序規劃不佳，導致工作生產力降低的原因，主要還是想不到好點子或方法，使得工作無法順利進行。

無論工作順序規劃得再好，沒有好點子或方法就無法持續推展，進而降低工作的生產力。

尤其現在是遠距工作的時代，每個人在工作上的決定權愈來愈大，更須借重個人的思考力和發想力。

由於這個緣故，本書將為讀者介紹可在短時間內想出好點子的思考方法與發想技巧。

特色2：網羅各種工作術

坊間有許多特別針對「學習技巧」、「時間管理技巧」、「工作規劃技巧」、「人際溝通技巧」、「資料製作技巧」與「開會技巧」等單一工作術推出的書籍，內容都很豐富實用。

不過，如果要學會所有工作術，就必須購買多本書

籍，付出大量時間與金錢。本書精煉了各種工作術的重要精髓，加上全方位解說，只要學會並善用本書內容，就能廣泛提升各領域的工作生產力。

特色3：無須依序閱讀

本書各篇僅占數頁篇幅，讀者可以從頭到尾依序閱讀，也可以從自己感興趣的地方讀起。

如果沒有充裕時間讀完整本書，也可以針對自己面臨的課題或部屬不足的部分加強閱讀，依需求設定優先順序。

特色4：像是看部落格文章般閱讀書中各篇

本書各篇分得很細，每篇文字約在一千到兩千五百字之間，最多不超過三千字，方便讀者在幾分鐘之內讀完。十分適合讀者利用「通勤坐車」或「開會前五分鐘」等零碎時間，以看部落格文章的感覺讀完一篇。

特色5：有助於管理部屬的主管完成工作

負責帶領部屬與後輩的管理職，每天都要給各種建議，告訴他們怎麼做比較好，進而提升每一天的生產力。

不是只有在第一線衝鋒的人才有時間壓力，管理職也是一樣，沒有時間細心指導。此外，在遠距工作時代通常利用電子郵件或社群平台的聊天室、社群軟體應用程式溝通交流，以文字為主的溝通容易流於「灌輸結論的指

導」，而且經常跳過說明原因這個環節。

　　然而，人即使明白「該做的事」，若不認同「該做的原因」，經常也無法主動去做。本書不只說明「該做的工作」，也連同「該做的原因」一併解釋，對於擔任管理職的讀者來說，當部屬或後輩詢問原因時，也能有效回答。

　　本書內容既有新創意，也有普遍已知的道理。衷心希望各位學會新的方法，至於目前已知的技巧，也可用來確認自己是否真的做到。

　　若一項一項自問「是否真的做到？」，就會發現自己沒做到的事高達三到四成。簡單來說，「知道」與「做到」差異甚大，「做得到」和「每次都做到」也是兩碼子事。

　　建議各位將本書放在職場辦公桌或家裡的書桌上，當成確認清單時刻檢視自己，也希望各位盡可能嘗試書中介紹的方法，幫助自己高效完成工作。

　　本書總共介紹57項超高效工作技巧，假設一個月的上班日為二十天，每天實踐一項超高效工作技巧，大約三個月就能將書中內容完全實踐一遍。

　　三個月後回顧自己的工作內容，如果發現沒有做到的地方，不妨重複實踐。相信一年之後，你的工作生產力一定會有大幅進步。

hack

第 1 章

提升時間的生產力

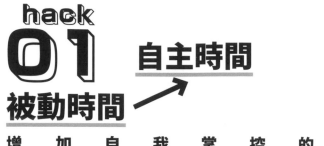

hack 01

被動時間 → 自主時間

增 加 自 我 掌 控 的 時 間

☹ 被時間追著跑,回過神才發現日子一天天過去。

☹ 總感覺自己是為了賺錢,切割時間出售。

　　如果你有上述煩惱,首先你一定要了解「時間」是比「金錢」更珍貴的資產。錢沒了還能再賺,但時間是很公平的,所有人的時間都在流逝,一去不回頭。

　　時間是你人生中最寶貴的資源,被時間追著跑和切割時間出售的狀態,等於在剝奪你的人生。

　　反過來說,「充實有限的時間」等於「充實有限的人生」。

　　相信本書讀者大多是上班族,每天大部分時間都在工作。**若想提升時間品質,充實自己的職業生涯,必須盡可能減少「被其他人牽著走的時間」,增加「自己可以掌控的自主時間」。**為了達成此目標,需要做到這兩點:

> 重點1：把每項工作當成自己的事
> 重點2：不與其他人比較

◉ 重點1：把每項工作當成自己的事

不把工作當成自己的事（缺乏當事人意識）是感覺自己「被時間追著跑」的原因之一。當你身為被動角色或處於等待指令的狀態，就只能做別人交辦的工作，被其他人牽著走，對自己的精神造成負擔。

當你把工作當成自己的事（抱持當事人意識），就能將「別人的工作」轉換成「自己的工作」，自然可以養成自主思考的習慣。發現問題時，你會主動找出原因和解決方法，鍛鍊自己的思考能力。不僅如此，你也有信心向周遭表達自己的想法，增加自己可以掌控的自主時間（hack 01圖表）。

簡單來說，**當事人意識可將「被動的自己」轉換成「主動的自己」。**

一般人對於主管交代下來的工作，很難產生當事人意識。但只要明白這麼做可以掌控主導權，就沒理由不將這份工作當成自己分內的事。

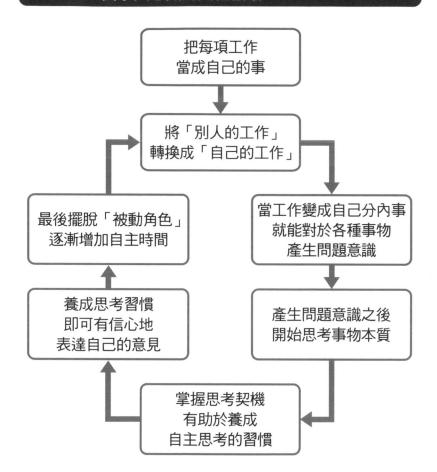

hack 01圖表 **當事人意識的良性循環**

把每項工作
當成自己的事

將「別人的工作」
轉換成「自己的工作」

最後擺脫「被動角色」
逐漸增加自主時間

當工作變成自己分內事
就能對於各種事物
產生問題意識

養成思考習慣
即可有信心地
表達自己的意見

產生問題意識之後
開始思考事物本質

掌握思考契機
有助於養成
自主思考的習慣

● 重點2：不與其他人比較

經常拿自己與其他人比較的人，必須明白你這是將自己的時間浪費在其他人身上，「被其他人牽著走」。

「我是否比別人優秀？」「成果更好或地位更高？」這

用最小力氣，做出最大成果 無駄な仕事が全部消える超効率ハック

類比較是沒有意義的，因為人外有人，天外有天。**比較心只會讓你覺得自己輸了、自己不夠好，讓自己的時間充滿負面情緒。**簡單來說，你的大腦處於「有限時間遭到其他人剝奪」的狀態，這是很可惜的事情。

　　如果真的想比較，請務必以「昨天的自己」為對象，以下是參考範例：

> 與昨天的自己相較，
> - 今天的自己了解了什麼？
> - 今天的自己會做了什麼？
> - 今天的自己改變了什麼？

　　如此一來，你的思緒不再被其他人牽著走，隨時隨地都能感受到自己的成長，可以掌控的自主時間也愈來愈多。

hack 01 總結

> ◎「時間」是最寶貴的資源。
>
> ◎ 把每項工作當成自己的事，就能增加自主時間。
>
> ◎ 不要「與其他人比較」，「與昨天的自己相較」就不會被其他人牽著走。

hack 02

配合他人 → 以自己為主

掌握主導權因應各種狀況

☹ 被電話或電子郵件等雜事打斷,該做的事毫無進度。

☹ 事事配合他人,沒有自己的時間。

　　坊間有一種加快處理速度的省時工作術,內容包括「迅速打完電子郵件」、「提升打字速度」等,不過真正拖垮工作生產力的最大因素並非動作太慢,而是配合其他人的步調。

　　一旦配合其他人的步調,就無法輕鬆找回自己的節奏。為了避免這個問題,**必須先發制人,以自己的節奏展開工作,這一點很重要。**

　　希望各位不要誤會,**這裡說的「以自己的節奏」並非「強迫別人配合自己的節奏」,而是比別人更快一步以自己的節奏展開工作,創造與對手雙贏的局面。**

　　接下來我以「回覆電子郵件」和「安排會面」為例說明,因為這兩者比較容易配合自己的節奏完成。

● 依照自己的節奏回覆電子郵件

　　各位可能在主打工作術的書籍上，看過「應立刻處理電子郵件」這類建議。但有時回完郵件後，卻忘了剛剛在思考什麼事情，腦中一片空白。各位是否有過這樣的經驗？

　　根據一項調查顯示，當人專注在某件事卻被打斷，必須花23分鐘才能再次進入專注狀態。一般社會人士每天平均查看十次電子郵件，如果每次都「立刻處理」，以最簡單的方式計算中斷專注力的時間，就高達3.8個小時。

若能將每天查看電子郵件的次數減少至三次，專注力被打斷的時間就能減少至1.2個小時左右。

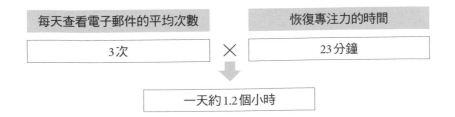

　　使用這個方法雖然不能即時處理電子郵件，但筆者從未因此造成對方困擾，原因很簡單：如果是必須「立刻處理」的重要工作，對方不會寫電子郵件，而會直接打電話聯絡。對方發電子郵件聯絡，代表這件事在這個時間點或許並不緊急，時間還相當充裕，因此只要以自己的節奏處理即可。

● 依照自己的節奏安排會面

　　當你與別人安排會面或敲定會議行程時，是否會發電子郵件或寫訊息給對方，詢問對方有空的時間？開頭可能寫著：「請問您何時方便？」，「請問您何時有空？」。

　　其實，這樣的問法是配合對方步調安排時間，只會增加郵件或訊息往返的次數，反而降低彼此的生產力，甚至可能出現以下最糟糕的情況：

> 請問您何時方便開會？

> 10月5日下午1點開會，可以嗎？

> 真是不巧，那個時間我已經安排了別的工作。可以改其他時間嗎？

> 這樣啊。那10月6日下午4點如何？

時間生產力

> 我看看……很抱歉，那一天
> 也排滿了行程（汗）。

如果轉換成「自己的節奏」，就能大幅降低訊息往返的次數。

> 會議時間有以下三個選項：
>
> ①10月5日下午1點開始
> ②10月6日下午4點開始
> ③10月7日下午1點開始
>
> 請問您哪個時間方便？
> 如果都不方便，是否可以提供
> 兩到三個您方便的時間？

> ③10月7日下午1點開始。這
> 個時段我有空，麻煩你了。

從對方的立場來看，與其花時間寫訊息確定自己的行程安排，不如從幾個選項中選擇，更能節省時間和精力，創造雙贏的局面。

hack 02 總結

◎ 一直配合他人步調會降低生產力。

◎ 以「自己的節奏」創造雙贏的局面，有效運用
　 時間。

hack 03 好好先生 → 拒絕技巧

學 會 說 不 ， 減 少 工 作 量

⊗ 明知道這不是自己負責的工作，卻無法婉拒別人的請求。
⊗ 最後導致自己的工作量太大，天天都在替別人加班。

　　無法說「不」的人通常給人「責任心強，個性隨和」的感覺，只要有人需要自己幫忙，通常都會樂於付出。

　　若身上背負太多工作，即使強迫自己勞動，也難逃工作品質下降、交期延遲、發生錯誤等問題，原本出於好意接下工作，最後反而造成對方困擾。

　　為了自己，也為了對方著想，有時必須善用拒絕的技巧。 面對強行將工作推給你的同事，採取以下五個步驟，可以有效拒絕對方的要求。

步驟1：真誠聆聽對方的需求
步驟2：說明自己的狀況
步驟3：提出替代方案
步驟4：和對方談條件

時間生產力

步驟5：堅定拒絕

● 步驟1：真誠聆聽對方的需求

還沒聽對方說話就拒絕，往往會讓對方無法接受。

此外，**拒絕是最終方法，最理想的做法是「找出接下工作以外的解決方法」**。為了找到解決方法，第一步就是真誠聆聽對方的需求。

● 步驟2：說明自己的狀況

第二步是清楚說明「自己無法幫忙的原因」。

最有效的方法是直接告訴對方，自己目前正在執行的計畫、工作量和各項工作的截止日期。如果對方不了解你的工作量，就會產生錯誤期待，認為你明明可以接下這份工作卻找藉口拒絕，想盡辦法將工作硬塞給你。

若能清楚說明自己的計畫、工作量和各項工作的截止日期，客觀說明你的工作量，對方比較容易接受你不能幫忙的原因。

此時，請提出可能受到影響的具體人名或團隊名稱，例如：「要是我接下你的工作，就會拖延目前正在進行的工作，造成某某人很大的困擾。」讓對方清楚知道自己的

行為會造成其他人的麻煩，通常就不會再堅持下去。

● 步驟3：提出替代方案

如果已經說明自己的狀況，對方還是死纏爛打，拜託你幫忙，不妨提出替代方案。你可以這麼告訴對方：

> 我現在真的很難幫你這個忙，不過某某同事很熟這個領域，不如你去找他談談看？

通常說到這裡，對方一定能感受到你是真的沒辦法接下這份工作，最後選擇替代方案。

● 步驟4：和對方談條件

如果對方還是不接受替代方案，接下來要和對方談條件。

在這個階段，請以「可以接下這份工作」為前提，和對方談條件，範例如下：

> **交涉工作時間：**我現在沒辦法做，一週後可以著手處理。
>
> **交涉工作範圍：**如果能將○○部分交給其他人做，我可以接手△△部分以後的工作。

交涉處理程度：我沒辦法製作資料，但可以用電
子郵件整理重點。

交涉參與角色：我沒辦法實際參與執行，但可以
當顧問給建議。

談到這個程度，若對方還是希望你幫忙，代表對方非
你不可。也就是說，你在這場談判中處於強勢地位。建議
根據你現在的工作量，在「不勉強自己」的範圍內，與對
方交涉工作時間、工作範圍、處理程度、參與角色等細節。

當你已詳盡說明，對方卻絲毫不體諒你，不認為你很
忙、很辛苦，還希望你現在就處理所有工作，代表對方很可
能只是把你當成「好用的工具人」或「跑腿小弟／小妹」。

話說回來，**你是否不想被討厭，遇到事情總是猶豫不
決，或是只要對方言詞強硬一點就會接受，態度強勢一點
就會乖乖照做？檢討自己的心態也很重要。**

◗ 步驟 5：堅定拒絕

如果到了第四階段，對方還是強硬堅持要你照他的方
式幫忙，請務必堅定拒絕。

時間是你的寶貴資源，這一點很重要。請容我再次強
調，**如果無法依照自己的意思決定優先順序，你的人生將**

「永遠被別人控制」。

03 總結

◎ 總是被別人牽著走的人生，等於是被別人控制
的人生。

◎ 學會「拒絕技巧」才能過著「自主人生」。

hack 04 煩惱 → 決定

照 規 矩 做 決 定 ， 告 別 無 謂 煩 惱

⊗ 周遭太多意見，無法輕易做出決定。

⊗ 連隨便選一個，都選不出來。

　　從零開始新事物的時候，我們經常會遇到無法輕易做出決定，因而困擾不堪的處境。**若花太多時間煩惱，事情就無法順利進展，大幅拖垮整體的生產力。**

　　最容易產生的問題是，因為太過害怕「做出錯誤判斷」，反而花太多時間蒐集資料。一旦只顧著蒐集資料，就容易養成拖延決定的行為模式，導致整體的進度遲滯不前。

　　當從多個選項選出一個時，若將時間投入在檢視所有選項，也會降低各個工作階段的生產力。

　　「迅速判斷」對於工作規劃效率的影響，不亞於動手去做的執行速度。

　　人要對不確定的未來做出決定時，往往很容易擔心若是做出錯誤的判斷，會對自己的未來很不利。話說回來，**我們不是神，不可能精準預測未來，只能在各個階段做出**

自己認為最好的決定。

各位在做決定時，不妨注意以下三個重點：

> **重點1**：「迅速判斷」比「正確判斷」更重要
> **重點2**：設定「判斷期限」
> **重點3**：專注於「判斷後的行動」

☙ 重點1：「迅速判斷」比「正確判斷」更重要

持平而論，面對各階段的局勢，我們不可能完整蒐集到所有的資訊。無論做出什麼判斷，也必須去做，才會真正知道結果。因此，蒐集到足夠的必要資訊，就要盡早做出決定，盡快付諸行動，養成這樣的習慣很重要。

即使最後證明判斷是錯的，也能盡早察覺這個方法行不通，同時找出失敗的原因，從中吸取教訓。

總的來說，**只要愈早發現錯誤，就能愈快調整方針，提升整體工作安排的生產力**（hack 04 圖表）。

☙ 重點2：設定「判斷期限」

工作生產力較高的人，工作安排的能力較強，懂得何時該做什麼，往往很清楚什麼時候之前一定要做出決定。

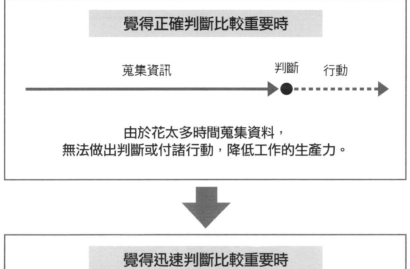

一旦決斷的期限到來，請停止蒐集資料、不再繼續研究下去，依照手邊資訊建立合理假設，做出判斷。

現在是資訊爆炸的時代，無論蒐集到多少資料，很容易覺得「每樣都對，也每樣都錯」。正因如此，必須事先設定好最後期限，否則將會拖拖拉拉，永遠無法做出決定。

● 重點3：專注於「判斷後的行動」

做出判斷後，一直煩惱自己的判斷是否正確，或是擔心判斷錯誤該怎麼辦也無濟於事。既然已經做出決斷，該想的是「接下來的行動」，讓自己的判斷成為正確答案。

所有的商務都是以未來為目標往前走，並非回頭看著過去，因此「判斷之前」沒有正確答案，「判斷之後」該怎麼做，才是正確與否的關鍵。

hack 04 總結

◎ 重視「迅速判斷」就能盡早決定、調整方針。

◎ 事先設定判斷期限，可以避免拖拖拉拉，工作沒有進展。

◎ 判斷最重要的是「判斷之後該怎麼做」。

hack 05 時間的量 → 時間分配

有 效 利 用 有 限 時 間

☹ 必須增加工作時間才能提升成果。

　　以工時長短決勝負的想法遲早遇到瓶頸，原因很簡單，每個人一天都只有二十四個小時，透過增加工時獲得的成果有極限，不可能無限增長。

　　此外，與物品和金錢不同，時間無法保存，也一直在流失中。**各位該思考的是：如何將「有限的時間」投入生產，也就是有效率地分配時間。**

　　「時間管理矩陣」（hack 05圖表1）是有名的時間管理框架，以「重要程度」為縱軸，「緊急程度」為橫軸，將付出的時間分成四個象限，思考各象限的時間分配。

象限1：緊急且重要
象限2：緊急但不重要
象限3：不緊急但重要

> 象限4：不緊急且不重要

● 象限1：緊急且重要

這個象限代表截止日期將近，而且是對自己來說很重要的時間，因此處理的優先順序最高。**這個象限的時間使用可分成兩種，一種是「花在突發性重要工作的時間」，另一種是「花在即將截止的重要工作的時間」。**

處理問題、來自重要客戶的緊急工作委託等，是最典型的突發性重要工作範例。這些都是預期之外、突如其來的工作，我們無法掌控，只能謹慎小心地處理。

但如果處理問題、來自重要客戶的緊急工作委託這類事件的發生頻率太高，代表引發這類事件的原因一直存在。只要找出原因妥善解決，就能減少處理這些事件的時間。

至於「即將截止的重要工作」，這應該是你可以依照自己意思控制的時間，若你還要忙到最後一刻才能完成工作，代表你在工作安排的執行面上有問題。

有鑑於此，完成每一項工作之後，不妨留心找出問題所在。如此就能幫助你提升處理工作的技巧，減少忙亂到最後一刻的狀態。

hack 05圖表1　時間管理矩陣

		緊急程度	
		高	低
重要程度	高	**1** 緊急且重要	**3** 不緊急但重要
	低	**2** 緊急但不重要	**4** 不緊急且不重要

◉ 象限2：緊急但不重要

　　這個象限的時間，都是投入在無法產生極大價值卻緊急的工作程序，最典型的例子是「在他人臨時要求下出席緊急會議」，或是遇到「原本與自己無關的緊急請求」等。

　　當你將時間運用在「臨時接下的緊急工作」，發揮了救火隊的角色，同事們因此感謝你，也讓你產生了捨我其誰的成就感。

然而，「緊急但不重要」的工作，會讓你陷入忙碌卻無法創造價值的狀態。**若在這個象限花掉太多時間，你就會變成一個「很好用的工具人」，請一定要特別注意。**

每當有人請你幫忙處理某項工作時，看穿對方背後的意圖，才能減少耗費在這個象限的時間。工作通常需要靠團隊合作完成，如果對方真的遇到瓶頸，而且這件事只有你能解決，你應該挺身而出。

如果你發現對方只是把你當成工具人使用，請務必拿出勇氣拒絕對方（參考 hack 03）。如此你就能將省下來的時間，用在其他更重要的工作上，創造出更大的成果。

● 象限3：不緊急但重要

這個象限的工作都是屬於短時間內好像沒有成果，但有助於建構未來，在此付出時間是很重要的基礎。

把時間用來提升工作技巧和打造中長期職涯架構，是這個象限最典型的時間運用方式之一。這個象限的工作雖然重要，卻很容易受到其他工作排擠，原因在於這類工作既沒有截止期限，也不能立竿見影，一旦手頭工作太多，很容易就會一天拖過一天。

值得注意的是，如果不分配時間在這個象限，就會被現在的工作追著跑，無法面對未來的自己。說得更具體一

點，就是未能投入任何時間在中長期目標上，學習必要的工作技能。

希望各位明白，「五分鐘就能學會的技巧」，不過是「五分鐘就能模仿的技巧」罷了。「必須花五年才能學會的技巧」，其他人可能也要花五年才能學會，因此這是「五年內無法模仿的技巧」。

若將時間全部花在臨時遇到的緊急工作上，即使你可以學到「五分鐘就能學會的技巧」，也學不到「必須花五年才能學會的技巧」，各位必須刻意、有計畫地保留時間分配在這個象限。在分配時間時，請一定要注意以下三點：

重點1：思考選項且專心投入
重點2：事先規劃好時間表
重點3：巧妙運用零碎時間

重點1：思考選項且專心投入

想要同時間一起學會思考力、行銷、財務與會計、組織理論等多項技能，通常容易半途而廢，沒有一項真正精通。就好比有人同時向你丟出許多球，你卻一顆也接不到。

想要學會多項技能，應該避免同時並行，每個時期只專注於一項技能，好好學習。告訴自己：「這三個月我要

集中學習思考力」，「接下來的三個月，我要集中學習行銷技能。」

重點2：事先規劃好時間表

人通常容易只見「眼前的事情」，若能事先規劃好未來的時間表，就能將眼光放遠，看見「未來的事情」。

在規劃時間表時，若能將每項工作的截止期限安排得詳盡一點，更有助於如期完成，對於「不緊急但重要工作」的投入，也能變成像「緊急且重要工作」的投入。

重點3：巧妙運用零碎時間

在此，以我自己為例，為各位介紹在「象限3：不緊急但重要」的工作上付出的時間，分享我如何分配零碎時間（hack 05圖表2）。

- 計畫的時間
- 蒐集資訊的時間
- 閱讀資訊的時間
- 思考與產出的時間
- 回顧的時間

重點在於：事先決定好「每一段零碎時間要做的事」

hack 05圖表2　**巧妙運用零碎時間**		

從家裡走到 最近車站的時間	15分鐘	在腦中計畫各種事情
早上通勤的時間	60分鐘	透過書籍或智慧型手機 蒐集資訊
進入會議室到 開會前的零碎時間	5分鐘	閱讀蒐集到的資訊
午餐時，從點餐到 餐點上桌的時間	10分鐘	閱讀蒐集到的資訊
往返客戶公司的移動時間	20分鐘	閱讀蒐集到的資訊
下班後，在餐廳吃飯的時間	60分鐘	一邊思考， 一邊產生想法
回家時在電車上	60分鐘	蒐集不足的資訊
從最近的車站走回家的時間	15分鐘	在腦中回顧的時間

並養成習慣。

　　如果沒有事先決定好要做什麼，零碎時間就會變成拿來滑手機的垃圾時間。**「如何運用時間」**等於**「如何運用人生」**，請務必將每一段零碎時間轉變成有意義的時光。

● 象限4：不緊急且不重要

與同事聚餐、喝咖啡聊是非與整理辦公桌等，都是「不緊急且不重要」的典型範例。

各位不妨思考，如果不做這些事會有什麼結果，減少「不做也沒差」的事情。

總結

◎ 每個人一天都只有二十四個小時，透過增加工時獲得的成果很快就會遇到瓶頸。

◎ 重點在於「時間分配」，也就是如何將有限的時間投入生產。

hack

第2章

提升
工作執行力

hack 06 了解背景需求

執行工作的方法

不躁進，解讀指令背後的意圖

⊗ 好不容易整理好資料，卻被迫重做一次。

⊗ 主管的指令模糊不清，不知該怎麼做。

　　當有人拜託你幫忙做某件事時，你通常很容易下意識地思考該分幾個階段如何進行。如果不清楚別人拜託的工作有哪些背景需求就貿然躁進，最後一定會遇到需要「修正」的情況。

　　假設你是美容護膚中心的市場行銷專員，主管要求你「本週蒐集與業界動向有關的資料」，於是你花了一週的時間依照以下步驟蒐集資料。

> 週一：調查美容護膚業界的市場規模變化。
>
> 週二：調查美容護膚業界競爭企業的戰略。
>
> 週三：調查美容護膚業界競爭企業的服務。
>
> 週四：調查美容護膚業界競爭企業的廣告促銷
> 　　　方案。

> **週五：**最後統合所有資料，製作成一份報告，交
> 給主管。

沒想到你週五傍晚將報告交給主管時，主管卻十分生氣地說：「我要你做的不是這個！你週末來公司加班，全部重做！」

此時你感到倉皇失措，十分納悶自己到底做錯了什麼？

我們先來猜測一下主管非要你蒐集業界資料的「背景」吧！

你的主管可能要在經營會議上，報告「自家美容中心業績低迷不振的原因」，如果是這樣，就要從「美容護膚業界現況」切入調查，再進一步研究「自家美容中心業績低迷不振的原因」。這些，都要寫在報告裡。

如果主管認為「美容家電的普及，是造成自家美容中心業績低迷不振的原因」，他要求你調查的「業界動向資料」中的「業界」，就不是美容護膚業界了，而是要擴展至美容家電業界。

因此，**當主管交代你某項工作時，身為部屬，你一定要養成主動詢問的習慣，了解出現這項工作的「背景」。**

養成了解背景的習慣，可以主動避免前述範例出現的「重做」窘境，對你也有幫助。主管收到根據背景需求撰

寫的報告，一定也很高興。

　　各位在詢問背景需求時，請務必注意以下三點。

> **重點1：理由**
>
> **重點2：意圖**
>
> **重點3：最後一關**

● 重點1：理由

　　第一點要問的背景是「這項工作很重要的理由」。任何工作都有必須存在的理由，這個理由就是「目的」。以前述範例來說，「想要解開自家美容中心業績低迷不振的理由」就是「目的」。

　　只要「目的」明確，即可針對「為何自家美容中心業績低迷不振」進行調查，製作成一份報告，相關工作的規劃與執行就會變得好上手（hack 06圖表1）。

● 重點2：意圖

　　第二點是了解「想要透過這項工作實現什麼」的「意圖」。有些時候提出請求的人在提出請求的那一刻，有他自己的想法或意圖。

hack 06 圖表 1　確認「理由」

主管的指示	「蒐集與美容護膚業界動向有關的資料」

工作的背景需求（理由）	「想要了解自家美容中心業績低迷不振的原因」

必要的流程	了解自家美容中心業績低迷不振的原因，製作業界動向資料

　　以前述範例來說，那位主管認為「美容家電的普及，可能是造成自家美容中心業績低迷不振的原因」，這就是「意圖」。

　　不明白「意圖」，就無法了解委託工作的人「真正在想什麼」，做出來的成果很容易不如對方預期，讓對方感到失望，或導致必須大幅度重做（hack 06 圖表 2）。

● 重點 3：最後一關

　　在前述範例中，最後一關是「經營會議」。若最後一關是經營會議，就不能用 word 寫報告，必須用 PowerPoint 製作，方便投影在大螢幕上進行簡報。

hack 06 圖表2　確認「意圖」

| 主管的指示 | 「蒐集與美容護膚業界動向有關的資料」 |

▼

| 工作的背景
需求（理由） | 「美容家電的普及，是否造成自家美容中心
業績低迷不振？」 |

▼

| 必要的流程 | 「業界」的定義不是「美容護膚業界」，應擴展至
「美容家電業界」，依此製作業界動向資料 |

　　報告內容也不能以文字為主，而是要突顯數字，這樣的做法比較容易讓公司高層在會議上做出結論。還有另一個做法，除了主要報告內容之外，可以再加上一份執行摘要文件，絕對能讓公司高層感到滿意。

　　報告的製作方法取決於「最後一關是什麼場合，要面對什麼人」，千萬不能掉以輕心（hack 06 圖表3）。

工作執行力

hack 06 圖表 3	確認「最後一關」
主管的指示	「蒐集與美容護膚業界動向有關的資料」
工作的背景需求（理由）	「主管想在經營會議上報告」
必要的流程	製作可透過投影機進行簡報的業界動向資料

hack 06 總結

◎ 確認「背景需求」，可以避免「共識落差」，提高工作生產力。

◎ 確認「理由」、「意圖」與「最後一關」三大背景需求，可以避免砍掉重練。

hack 07

隨機行事 → 計畫

將 該 做 的 事 項 寫 下 來

☹ 工作不得要領，總是造成周遭困擾。

☹ 太多工作一起進來，經常容易手忙腳亂。

　　不懂得規劃工作順序的人，很容易從手邊的工作項目或臨時想到的事情開始做起。然而，想到什麼就做什麼的工作方式，很可能連原本不需要做的事情也先做了，甚至將重要工作往後延，造成周遭困擾。

　　為了避免這種情況發生，**若出現了新的工作，建議第一步要做的是「整體的工作計畫」**。各位可能覺得「每項工作都建立計畫真的很麻煩」，事實上只要根據以下四個步驟建立計畫，就能夠大幅度提升工作的流暢度。

> **步驟1**：拆解工作，列出從開始到完成的作業細項
>
> **步驟2**：將各作業細項寫在行事曆上
>
> **步驟3**：決定各作業細項的實際成果與完成品質
>
> **步驟4**：決定各作業細項的職責分配

● 步驟1：拆解工作，列出從開始到完成的作業細項

不擅長規劃工作順序的人，幾乎都不清楚工作安排的具體內容，很容易陷入不知該從何處著手的處境。

思考工作規劃的第一步，就是清楚列出該做的事情，從「開始」到「完成」拆解成幾個階段。

當我們專注在某個階段的作業細項，看不見整體規劃，就會出現遺漏或重複等錯誤。為了避免錯誤，必須列出未來要做的所有程序。

如此一來，就能具體了解該做哪些細項，可在最短時間內完成工作，避免不知該從何處著手，或是到了尾聲才發現有錯漏等問題，幫助工作進展得更順利。

● 步驟2：將各作業細項寫在行事曆上

將各作業細項寫在行事曆上，可讓我們清楚看見「工作順序」。「工作順序視覺化」幫助我們了解「前後步驟的相對關係」，例如：必須先蒐集好所有資料，才能開始分析。為了不影響整體進度，還能從中找出絕對不能延誤的重要項目。

此外，將各作業細項寫在行事曆上，設定各細項的截止日期，可以避免拖拖拉拉，延遲工作進度。

工作執行力

● 步驟 3：決定各作業細項的實際成果與完成品質

事先決定各作業細項的實際成果，可以避免做無謂的工作。

事先決定各作業細項的成果品質，也可以避免將時間浪費在追求提升品質上。

● 步驟 4：決定各作業細項的職責分配

在前面三個步驟中，我們已經列出一定要做的事，知道哪個時間點該完成哪些工作細項。接下來，要決定「由誰來做這些事」。找到合適的人完成工作細項，可以讓整體進度更順利（hack 07 圖表）。

當工作計畫進展至第四步驟，對於每個人要完成的工作量和所需時間都有基本概念，更能掌握「目前的時間表是否能夠達成目標」，「現有的工作人員是否能夠完成工作」等，了解實現整體規劃的可能性。

假設目前的時間表和工作人員難以完成目標，也能讓委託工作的人看工作計畫並理性說明工作內容，進而討論能否延後截止日期或增加人手等，進行更有建設性的溝通。

在推動工作的過程中，隨時將「計畫」放在腦裡，可以幫助我們有效掌握工作進度，避免時間快要來不及了而

hack 07圖表　如何建立有效的工作計畫

步驟1：拆解工作，列出從開始到完成的作業細項

作業1　作業2　作業3　作業4

- 釐清從開始到完成「必須做」哪些事情

步驟2：將各作業細項寫在行事曆上

作業1　作業2　作業3　作業4

- 釐清工作順序
- 了解各工作細項的截止日
- 了解哪些重要步驟會影響整體進度

步驟3：決定各作業細項的實際成果與完成品質

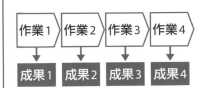

- 決定各作業細項的實際成果和成果品質，釐清「該做什麼」以及「該做到什麼程度」
- 決定實際成果和成果品質，可以避免做無謂的工作

步驟4：決定各作業細項的職責分配

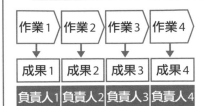

- 釐清各工作細項的「負責人」和「責任範圍」

驚慌失措。

另一方面，就算有其他人委託新的工作，我們也清楚現在和未來的工作量，能以更有說服力的方式讓對方明白，現在無法接下新工作或在這個時間點不合適。

有效做好計畫，可以在各方面幫助我們完成工作。當別人委託新工作時，千萬不要想到什麼做什麼，告訴對方自己得先建立計畫，了解整體的流程需求。

hack 07 總結

◎ 一開始就建立整體「計畫」，讓工作進展得更順利。

◎「計畫」可讓你看見工作情況，幫助你達成目標。

hack 08

處理速度 → 不做的事

捨 棄 無 效 的 事 項 和 做 法 以 達 到 目 的

☹ 回頭看才發現自己做了很多不需要做的事情。
☹ 即使善用省時技巧,工作依舊沒有重要進展。

　　為了提升工作效率,很多人會善用省時技巧,最具代表性的例子是「利用使用者造詞功能加快打字速度」、「記住 Excel 函數川快計算速度」等。

　　不過,無論運用了多少省時技巧,如果你正在做的是不需要做的工作,就沒有任何意義。**提高無用工作的執行效率,是最浪費時間的事情。**

　　很快完成工作的人並非一定是作業速度快,而是知道不用做什麼,而且絕對不做。那麼,要如何知道哪些事情不用做?取捨重點如下。

> **重點 1**:思考「接下來要做的事,是否有助於達成
> 　　　目標?」

> **重點2：思考「是否有別的方法，讓接下來要做的事更輕鬆？」**

● 重點1：思考「接下來要做的事，是否有助於達成目標？」

當一個人過度專注手邊的工作，很容易錯將方法當成目的，迷失了原本的目標。

以下是最具代表性的「方法目的化」的範例：

1. 蒐集資料後，發現其他更吸引自己、卻與原本目的無關的事情，忍不住愈陷愈深。
2. 製作公司內部會議用的資料，卻太專注於外觀設計和動畫效果，結果必須加班才能完成。

在1的範例中，當事者忘了原本蒐集資料的目的，將「滿足自己的知識好奇心」當成目標。在2的範例中，「製作對會議有用的資料」是原本的目的，但當事者忽略了這一點，反而將「製作設計精美的資料」當成目標。

若以原本的「目的」來看，時間的運用方式完全錯誤。「目的」代表的是下一個階段，「方法」代表的是眼前。由於這個緣故，人總是容易注意「方法」。

正因如此，**我們要隨時提醒自己「想要達到的成果（目的）」，而非「要做的事情（方法）」，提醒自己思考「現在運用的方法，是否有助於完成原本的目的？」。**

● 重點2：思考「是否有別的方法，讓接下來要做的事更輕鬆？」

當一個人陷入「方法目的化」的狀態，很容易想不出其他方法，原本應該有更輕鬆的方法可以運用，卻受限於「方法目的化」，看不見其他更好的可能性。

接下來舉例說明，假設你正在思考如何印製公司內部會議需要使用的資料。有很多方法可以提升印製資料的效率，包括事先補充紙匣內的影印紙、同時使用多部影印機、使用裝訂功能等。

但如果印製會議資料的目的，是與參加公司內部會議的成員共享資料，有時利用投影機投影就已經足夠了。在此情況下，就不需要印製資料了（hack 08圖表）。

清楚掌握工作目的，就知道有多少方法可以使用，接著發揮創意使工作更輕鬆，還能排除多餘的作業程序。

hack 08圖表　掌握工作的目的

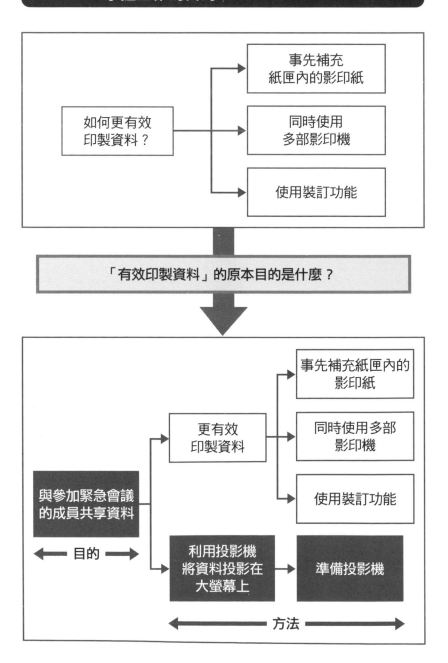

hack 08 總結

◎ 與其一直力求提升工作速度，不如找出不需要
做的事。

◎ 常常思考「這麼做，是否有助於達成工作目的？」，
避免錯將方法當成目的。

◎ 經常思考是否有其他更輕鬆的方法可以運用。

工作執行力

hack 09 職責分配

凡事自己來

克服「自己做比較快的毛病」

☹ 所有工作一肩扛起,只會累死自己。

☹ 攬下太多工作,反而造成周遭困擾。

　　有強烈的責任感是一件好事,但攬下太多工作導致進度延遲,反而造成周遭困擾。為了避免這個問題,**請各位一定要捨棄「個人英雄主義」,學會「職責分配」的技巧。**

　　努力去做自己不擅長的事情不僅浪費時間,往往還很難做出成績。如果學會將工作分配給適合的人負責,就能追求過去一個人難以想像的更大成就。

　　學會職責分配技巧的好處,有以下三點。

> **好處1:**提高作業效率
>
> **好處2:**同時處理多項作業
>
> **好處3:**易於得到自己沒想到的觀點和創意

◉ 好處1：提高作業效率

每個人都有「擅長」和「不擅長」的事情。做擅長的事情效率較高，遠勝於做不擅長的事情。

將蒐集資訊、發現課題這些工作交給比自己更擅長分析的人，或是將思考解決課題這項工作交給充滿創意的人，絕對能夠事半功倍。

比起一個人孤軍努力，將每一項工作分配給「擅長的人」較能節省時間，也能創造高品質成果。

◉ 好處2：同時處理多項作業

接下來，以「蒐集資料」為例說明。

雖然都是「蒐集資料」，但不同目的需要的資料不一樣，例如：「蒐集與業界動向有關的資料」、「蒐集與顧客有關的資料」，或是「蒐集與競爭商品有關的資料」等。若這些全都由一個人包辦，必須一項接一項依序完成，先「蒐集與業界動向有關的資料」，再「蒐集與顧客有關的資料」，最後才能「蒐集與競爭商品有關的資料」，要花去相當時間才能全部完成。

若將這些工作分配給三個人，就能同時蒐集三種資料，可望省下不少時間（hack 09圖表）。

hack 09圖表　同時處理多項作業

第一天	第二天	第三天
蒐集與業界動向有關的資料	蒐集與顧客有關的資料	蒐集與競爭商品有關的資料

個人英雄主義須耗費三天

第一天	第二天	第三天
蒐集與業界動向有關的資料	蒐集與顧客有關的資料	蒐集與競爭商品有關的資料
蒐集與顧客有關的資料		
蒐集與競爭商品有關的資料		

**三個人分頭進行
可以同時蒐集三種資料
只要一天就能完成**

　　學會交辦的技術、做好職責分配可以發揮同時多工效果，比起一個人單工獨力包辦，更能提高生產力。

◕ 好處3：易於得到自己沒想到的觀點和創意

再怎麼能幹的人，都會受限於「自己的思考能力」；也就是說，若由一個人包辦所有工作，便只能依照「自己大腦裡的想法」做出有限的成果。**「職責分配」是「活用他人大腦（想法）」最好的方法。**

獨自處理所有工作容易拖累工作進度，在此情況下，若能請教其他成員的意見，不僅可以協助解決問題，還能提升工作效率。**若因此發現自己未曾察覺的其他面向或自己未能洞察的深意，更能夠提升工作成果與品質，並且有所成長。**

捨棄「個人英雄主義」，學會「職責分配」的技巧，就能在工作效率和成果品質等方面幫助自己。

hack 09 總結

- ◎ 學會職責分配，讓每個人做自己擅長的事，就能提高生產力。

- ◎ 學會職責分配，將一條龍單工作業轉換成同時多工作業，就能提高生產力。

- ◎ 學會職責分配，充分運用別人的大腦，提高工作成果與品質。

工作執行力

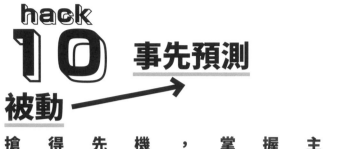

hack 10　事先預測

被動 →

搶　得　先　機　，　掌　握　主　導　權

☹ 總是隨波逐流，被其他人牽著走。
☹ 許多工作都是臨時接下，讓自己手忙腳亂。

　　總是被一直進來的工作牽著鼻子走的人，一定要學會
「事先預測的能力」。

　　「預測力」不只要思考當場發生的事情或自己的狀
況，而是要掌握工作的整體樣貌，了解現在的工作做完之
後，下一個階段該做什麼？為了完成工作，自己現在該做
什麼？看穿這一切的能力，就是「預測力」。

　　生產力較低的人只顧著思考眼前的事情，處理事物
的反應流於隨機行事，應變時間往往也過於緩慢。長此以
往，只會讓工作愈拖愈慢，績效愈來愈差。

　　學會「預測力」，就能事先預測未來發展，讓自己有
更多時間準備，順應事情發展或避免風險，達到搶占先機
的效果。

　　這樣一來，不只能夠擺脫「工作愈拖愈慢，績效愈來

愈差」的窘境，讓自己有更充裕的時間和心力完成工作，還能搶先朝著目標邁進。那麼該怎麼做，才能學會「預測力」呢？

> **重點1**：擁有整體視野
> **重點2**：思考「未來將如何發展？」
> **重點3**：思考「現在可以做什麼？」

◉ 重點1：擁有整體視野

擁有整體視野，就能理解自己負責的工作，不過是「整體中的一部分」。

如此就能綜觀整體，思考除了自己負責的工作之外，該做什麼才能達成整體目標。簡單來說，就是思考「未來發展」和「其他工作內容」（hack 10圖表）。

◉ 重點2：思考「未來將如何發展？」

假設主管要你製作資料，若你能事先思考「未來可能的發展」，即可預測主管的需求，例如：「除了手邊的文件之外，還需要其他資料」，或是「與數據部門的負責窗口一起開會，取得相關資料。」

hack 10 圖表　擁有整體視野

前一道工序　→　自己負責的工作　→　下一道工序

← 擁有整體視野 →

- 理解自己負責的工作，不過是「整體中的一部分」。
- 思考「除了自己負責的工作之外，該做什麼才能達成整體目標」。
- 思考「未來發展」和「其他工作內容」。

● 重點3：思考「現在可以做什麼？」

思考「現在可以做什麼」，就能比別人更快行動，察覺到「除了手邊的文件之外，還需要其他資料，因此必須先跟數據部門的負責窗口開會，取得相關資料」，所以事先掌握需求，搶先預約會議室的時間。

當你不思考「現在可以做什麼」，凡事遇到再來處理，就很容易發生類似「想跟數據部門的負責窗口開會，取得相關資料，卻發現對方出差去了」，或是「想跟數據

部門負責窗口開會，卻發現會議室都滿了，沒地方開會」的情況。遇到事情才開始想辦法解決，會降低自己的工作績效，這點請一定要特別注意。

擁有整體視野，思考「未來將如何發展」和「現在可以做什麼」，就能培養預測力，將「被別人和突發狀況牽著走的時間」，轉變成「自己可以掌控運用的時間」。

hack 10 總結

◎ 不只思考自己的狀況、眼前的事物，學會將眼光看向「整體」，開拓視野、培養大局觀。

◎ 養成隨時預測未來發展的習慣。

◎ 養成思考現在可以做什麼的習慣。

hack 11

自己的工作 → 下一階段的工作

執行工作時，也應注意後續工作的需求

☹ 總是被負責下一階段的同仁催促。

☹ 一直拖延工作進度。

組成團隊一起工作或參與跨部門企劃時，若自己負責的工作延遲拖累進度，很可能被負責下一階段的同仁拚命催促。

常聽人說「工作規劃最重視優先順序」，安排工作細項的優先順序若只考慮到自己的工作範圍，將嚴重影響到負責下一階段的同仁，對方的優先順序會被打亂。

為了避免這樣的問題，決定先做哪件事時，也一定要考慮下一階段同仁的優先順序。此時，應注意以下三點。

重點1：增加溝通頻率

重點2：掌握工作的必要重點

重點3：主動創造讓自己動起來的慣例

◉ 重點1：增加溝通頻率

你的工作進度有可能會嚴重影響到下一階段的同仁做事，當對方完全看不到你的進度時，一定會很擔憂，可能在你的工作截止日前幾天開始拚命催促，或是等不及你完成工作，就先執行自己的工作。

不瞞各位，筆者過去也曾有一段時間認為「只要在自己的期限內完成工作即可」，一心專注在自己分內的工作，完全不與下一階段的同仁溝通。

這麼做的結果，導致對方等不及筆者做出成果，就先執行自己的工作。後來我們要串聯前後期的工作成果時，卻發生內容不適用的情況，必須從頭再來過。這樣的情形發生過很多次。

後來我改變做法，每天寫電子郵件，向下一階段的同仁報告進度。如此一來，對方不再拚命催促，也大幅減少砍掉重練的情況。

說到催促，無論是催促方或是被催促的人心情都很容易不好，還要浪費時間，降低生產力。有鑑於此，各位如果接下「後面還有其他階段」的工作，請務必妥善與對方溝通。

● 重點2：掌握工作的必要重點

責任心強的完美主義者事事都想「做到完美」，不希望看見不上不下的工作成果，造成後面同仁的困擾，因此總是習慣花費大量的時間與心力，把工作做到無可挑剔。但這麼做的結果，只會拖延截止日或每天加班，根本算不上是高生產力的工作方式。

工作並非「做到完美就是好的」，時代已經變了，不管做到多完美，只要花費過多的時間與心力就是沒效率的壞事。

在這個改革工作型態的時代裡，各位要達成的不是「完美」，而是看出這項工作的「必要重點」。即使自己覺得成果不夠完美，只要下一階段的同仁可以接受，就不需要再做過多努力，避免白費心血，降低自己的生產力。

● 重點3：主動創造讓自己動起來的慣例

「現在立刻做最好」，「但是，就是提不起勁來呀～」——很多人的內心都會有許多想法互相拉扯，結果一天拖過一天，最後眼見截止期限快到了便驚慌失措。其實，這是人類常見的弱點。

如果你經常陷入這種狀態，不要靠自然的幹勁讓自己

動起來，不妨「主動創造讓自己動起來的慣例」。

　　筆者也是人，有時難免會受到心情或身體狀況影響，無法提起勁來工作。這個時候，我的例行公事就是「先做一份資料封面」。遇到需要很多份資料的情形，我也會先做好所有資料的封面。「先做封面」可以稍微轉換情緒，打造工作節奏。

　　心理學有一個名詞叫做「蔡加尼克效應」（Zeigarnik effect），指的是比起已經完成的工作，人的心理傾向比較在意「未完成的工作」。因此，從製作少量資料著手，有助於喚起幹勁，維持工作動機。

　　此外，我有一個朋友，每當他覺得提不起勁來就買書來看。他認為「既然買了書，就要好好努力」，買書是他開啟幹勁的開關。

　　平時從客觀角度反思自己，了解做什麼事可以讓自己產生幹勁，並將這件事設定為慣例，克服拖延病。

hack
11 總結

◎ 安排工作的優先順序，也應考慮下一個階段的工作需求。

工作執行力

◎ 多與下一個階段的同仁溝通，避免對方一直催促或是得從頭來過。

◎ 與其花費過多的心力追求完美，不如以最少的心力完成工作的必要重點。

◎ 主動創造可以喚醒幹勁的慣例。

hack 12 等待情報 → 按照假設行動

避免地毯式驗證，鎖定目標再行動

⊗ 在蒐集到足夠資訊之前絕不開工。

⊗ 花太多時間蒐集資料。

　　總是找各種理由拖延行動的人，相信只要準備周全，事情一定順利，也認為只要蒐集到所有資料，就能夠導出正確答案。

　　然而，任何工作隨時都會產生變化，不可能100％完美。一直追求完美，只會浪費時間與心力，很容易導致工作沒有重要進展。

　　這種人需要的是假設性思考，也就是「根據現有資訊假設結論推動工作，之後再修正軌道」。

● 不先假設結論，只會增加作業步驟

　　接下來，舉個例子說明。假設你們公司商品銷售狀況不佳，必須思考對策扭轉頹勢，現在你手邊的資料只有「競爭商品舉辦降價促銷活動」。

在這個例子中，主要變因包括「來客數」、「客單價」、「新顧客」、「老顧客」的增減。在不先假設結論就廣泛蒐集資料的情況下，必須經過以下五個步驟。

> **步驟1**：確認「新顧客的來客數是否減少？」
> **步驟2**：確認「新顧客的客單價是否減少？」
> **步驟3**：確認「老顧客的來客數是否減少？」
> **步驟4**：確認「老顧客的客單價是否減少？」
> **步驟5**：思考增加新顧客來客數的策略

● 先假設結論，可減少作業步驟

工作規劃的細項步驟愈多，蒐集資料的等待時間與各階段所需要的時間就會增加，影響到工作整體的生產力。

若能「根據現有資訊假設結論推動工作」，只須經過以下三個步驟即可。

> **步驟1**：根據現有資訊聚焦「來客數」，只須確認「來客數是否減少」。
> **步驟2**：根據現有資訊聚焦「新顧客」，只須確認「新顧客的來客數是否減少」。

步驟3：思考增加新顧客來客數的策略

綜合這些內容，根據現有資訊假設結論並付諸行動，有助於迅速完成各階段的工作（下頁 hack 12 圖表）。

●即使假設錯誤，也容易修正軌道

以前述的範例來說，即使有四大變因（來客數、客單價、新顧客、老顧客）的存在，也能根據現有資訊建立假設，縮小討論範圍，加快蒐集資料的速度，盡早著手執行。

比起針對四大變因進行地毯式驗證，先提出假設結論的方法，可以更快找出答案。若是假設錯誤，還能建立第二個、第三個假設並進行驗證，修正軌道。相較於一開始就針對四個可能性進行廣泛驗證，可以更快完成各階段的工作。

hack 12 總結

◎ 根據現有資訊假設結論並付諸行動，之後再修正軌道，可以更快完成各階段的工作。

hack 12 圖表　假設結論並付諸行動

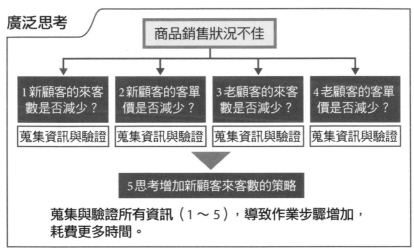

廣泛思考

商品銷售狀況不佳

1新顧客的來客
數是否減少？

2新顧客的客單
價是否減少？

3老顧客的來客
數是否減少？

4老顧客的客單
價是否減少？

蒐集資訊與驗證　蒐集資訊與驗證　蒐集資訊與驗證　蒐集資訊與驗證

5思考增加新顧客來客數的策略

蒐集與驗證所有資訊（1～5），導致作業步驟增加，
耗費更多時間。

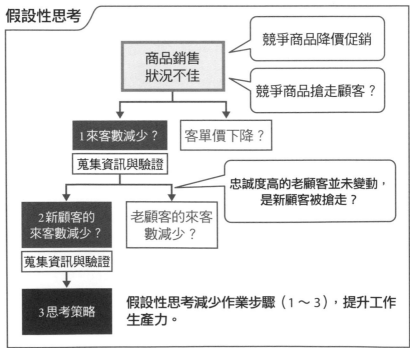

假設性思考

競爭商品降價促銷

商品銷售
狀況不佳

競爭商品搶走顧客？

1來客數減少？　客單價下降？

蒐集資訊與驗證

忠誠度高的老顧客並未變動，
是新顧客被搶走？

2新顧客的
來客數減少？

老顧客的來客
數減少？

蒐集資訊與驗證

3思考策略

假設性思考減少作業步驟（1～3），提升工作
生產力。

hack 13

最終成果 → **進行狀態**

執　行　過　程　中　進　行　確　認

☹ 工作成果經常遭到主管或客戶退貨。

☹ 主管看起來好忙,很難找空檔討論工作。

　　在截止日那天交出資料,卻遭到主管以「這不是我要的內容」為由要求重做,相信許多人都有過類似經驗吧?

　　通常不喜歡溝通的人都認為「做到一半被主管指手畫腳的感覺很差」,或是覺得「增加多餘工作是搬石頭砸自己的腳」,於是在執行工作的期間完全不討論或回報,期待自己能夠做出最完美的報告或成果。

　　遺憾的是,你心目中的完美若和主管的不一致,就會發生在截止日被要求整個重做的窘境。無論對任何人來說,沒有比「在自己世界中暴走最後自我毀滅」更悲慘的遭遇了。

　　為了避免這種悲劇發生,**建議各位不要以100%完美結果為目標,而是設定中短期階段,例如:完成10%、完成30%、完成50%等,在各階段向主管報告。**

在完成10％的階段就向主管報告，可以確認執行方向是否正確。就算方向錯誤，損失的時間只有10％，還能靠剩下的90％時間修正錯誤，拉回進度（hack 13圖表）。

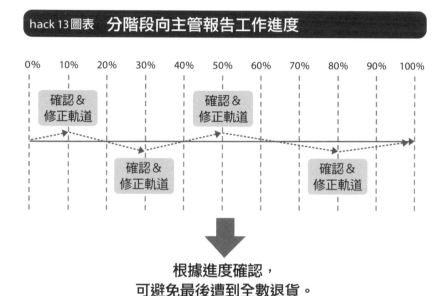

hack 13圖表　**分階段向主管報告工作進度**

**根據進度確認，
可避免最後遭到全數退貨。**

我能理解「做到一半被主管指手畫腳的感覺很差」的心情，但前述這種做法可以預防「最後一天被要求整個重做」的風險。

分階段報告時，請注意以下三大重點。

重點1：事先預告主管

> 重點2：每次確認都要報告所需時間
>
> 重點3：報告假設結論

◉ 重點1：事先預告主管

提交作業計畫給主管時，應先報告各階段的時間點，跟主管確認會在「①掌握現況、②釐清課題、③建立解決方案、④預估效果」等階段回報。

站在部屬的立場來看，每次向主管報告都很擔心次數會不會太頻繁，也會擔心主管太忙，很難找到空檔報告。

如果在實際投入之前，就先跟主管說好回報的時間點，可以讓主管有心理準備。回報時也會因為先說好的關係，過程更順利。

◉ 重點2：每次確認都要報告所需時間

第二個重點是：每次向主管報告，都要先說這次需要的時間，善用「主管，可以打擾您五分鐘嗎？」這樣的說法，讓主管做好準備。

當主管知道這次回報需要的時間，就可以全心投入聆聽報告。

● 重點3：報告假設結論

第三個重點是：在每次確認進度時，都要向主管說明「假設結論」。

主管也是人，並非一開始就對這項工作有完整概念。有鑑於此，盡早告訴主管你做的假設性結論，讓他知道結論的可能性或方向性。即使他沒有最終概念，也能分析你假設的結論是否可行。

主管會在你回報的過程中，對於整體計畫愈來愈有概念，可以避免「在最後一刻必須整個重做」的悲慘結果。

hack 13 總結

◎ 不要一開始就以直接交出100%完美成品為目標，養成在過程中向主管回報確認的習慣。

◎ 執行作業之前，先向主管報告「中間確認階段與時間點」。

◎ 向主管回報進度時，務必先說這次需要的時間。範例：「主管，可以打擾您三分鐘嗎？」

◎ 提出「假設結論」，針對最終成果和主管建立共識。

hack 14 凡事盡快 → 設定截止時間

主 動 設 定 截 止 時 間 ， 讓 自 己 動 起 來

☹ 工作總是做到最後一刻。
☹ 總是拖著不想做沒有明確期限的工作。

「這項工作沒有明確期限，我可以慢慢做。」

對於沒有明確期限的工作，如果你有這樣的想法，很容易一天拖過一天。於是，就在你快要忘記的時候，主管突然問你：「上次交給你的工作做得如何？」，令你感到驚慌失措，打亂了原本的工作節奏。

結果，你必須在很短的時間內完成龐大的工作量，根本無法兼顧工作品質，做出來的成果自然差強人意。

為了避免拖延病，必須掌握以下兩大重點。

> **重點1**：即使是沒有告知期限的工作，也要自行設定截止時間
> **重點2**：告訴對方你設定的截止時間

❂ 重點1：即使是沒有告知期限的工作，也要自行設定截止時間

你是否曾經陷入「明天要交給客戶的提案書還沒完成」的窘境，只好發揮超凡的專注力，火力全開趕工完成？

凡是設定截止時間的工作都專心投入，有些人常說「自己沒遇到絕境就不會做事」，反過來說就是「唯有遇到絕境才能發揮潛力」。

腦科學認為，設定截止時間有助於提高人的專注力。有鑑於此，即使是沒有告知期限的工作，只要自行設定截止時間，就能利用時間的強制力克服拖延病。

❂ 重點2：告訴對方你設定的截止時間

筆者絕對沒有堅強的意志力，所以每次都會自行設定工作的截止日期，並將期限告訴對方。如此一來，可以適度給自己壓力，告訴自己「不能失約」、「不能造成其他人的困擾」，更有幹勁地完成工作。

這麼做，還有另一個好處。

過去是否也有同事拜託你「盡早完成」某項工作？

「盡早」的說法其實很籠統，因為對方與自己對於「盡早」的定義有時會有歧異。我的「盡早」可能是在

「本週之內」，對方的「盡早」可能是在「今天之內」。

　　告訴對方你設定的截止時間，可以避免雙方對於期限的認知落差。以前述範例來說，假設你告訴對方：「一週後完成可以嗎？」對方可能回答：「這項工作很簡單，我希望今天下班前可以完成。」利用這個方式討論合適的期限，避開想法上的落差。

hack 14 總結

◎ 自行設定工作的截止時間，可以提高專注力，讓工作進展得更順利。

◎ 告訴對方你設定的截止時間，可以督促自己積極完成工作，同時主動避免雙方對於期限的期望落差。

工作執行力

hack

第**3**章
提升**溝通效率**

hack 15 配 合 對 方 改 變 說 話 方 式

⊗ 我明明說了，對方卻沒理解我想表達的意思。

⊗ 我明明表達了意見，對方卻不著手進行。

　　一旦在溝通過程出現上述情形，到了工作或計畫的結尾階段，就會產生明顯的作業疏漏，經常因為「有說沒說」的爭議陷入手忙腳亂的窘境。

　　為什麼會出現「我明明就說了，對方卻沒有聽到」的情形？請各位先看以下這段文字範例：

> 我認為最理想的做法是，以貴公司的資源和能力為基礎，聚焦於顧客的感受與洞察力，提高成交率。首先，要從分享資料開始做起。

　　如何？乍看之下，真的看不懂這段文字到底在說什麼，對吧？以筆者過去的職涯經歷來說，我很習慣閱讀文章，但這段文字我怎麼也看不懂，無法真正理解。如果文字都

有這個問題了，更別說是口頭說的話了。

　　現在是遠距工作的時代，我們經常透過視訊會議或社群媒體的聊天室溝通，很難隨時面對面看著對方的表情姿態。換句話說，現在是一個較難傳遞默契或感覺對方理解與否的時代。

　　無論在辦公室或在家工作，當我們要跟對方溝通時，最主要的工具是「語言」。但話一旦說出口，就脫離「傳達方」的掌控了，接下來只能靠「接收方」解讀意思。

　　精準溝通最需要的能力，不是以「自己」為主體，而是從「對方的立場」推算回來的傳達力。想要溝通有效率，應注意以下三大重點。

> 重點1：選擇對方聽得懂的語言措辭
> 重點2：選擇對方聽得懂的說明順序
> 重點3：一邊協助對方整理思緒，一邊與對方溝通

● 重點1：選擇對方聽得懂的語言措辭

　　前述的文字範例是最好的負面教材。話說回來，選擇對方聽得懂的語言措辭有一個先決條件，那就是必須事先掌握對方的知識程度，例如：對方是否具備業界知識、業

務知識（會計之類的業務知識）或專業術語的知識。

年輕人較容易急於表現自己的專業，為了營造專家形象，頻繁使用專業術語。不過，說明的目的不是要表現專業感，而是「要讓對方聽得懂、讓對方動起來」，千萬不要忘記這一點。

話說回來，**當然也不是每次都能掌握對方的知識程度。遇到這種時候，請以「國中二年級聽得懂的話來說明」**。筆者工作的廣告業界有一項不成文規定，那就是「廣告文案最好使用國中二年級生看得懂的文字。」

● 重點2：選擇對方聽得懂的說明順序

一般人很容易以「自己的思考順序」來闡述事情，但說明的目的是要讓對方理解、讓對方動起來，因此一定要從對方的立場推想，依照「對方易於理解的順序」說明（hack 15圖表）。

如果對方是「一邊理解一邊聆聽的人」，先說明現狀課題，再闡述為了排除原因而執行的解決對策有何效果……這類堆積木式的說明法最淺顯易懂。

如果對方是「想先知道結論、性子很急的人」，不妨採取結論先行的說明法，例如：「該做的是……」，「原因有三個……」，接著說明原因「第一個是……」、「第

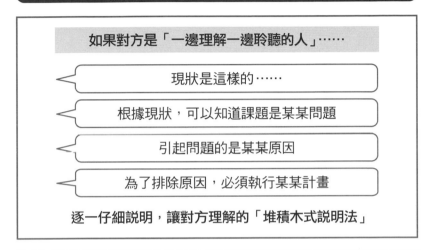

hack 15圖表　**根據不同對象，調整說明順序**

如果對方是「一邊理解一邊聆聽的人」……

現狀是這樣的……

根據現狀，可以知道課題是某某問題

引起問題的是某某原因

為了排除原因，必須執行某某計畫

逐一仔細說明，讓對方理解的「堆積木式說明法」

如果對方是「急性子的人」……

該做的是……，原因有三個……

「第一個是……」、「第二個是……」、
「第三個是……」

先說結論，讓對方理解的「結論先行說明法」

二個是……」、「第三個是……」。

　　**重點在於：要根據對方的做事風格和個性，改變不同
的說明順序，使對方更容易理解。**了解對方是個怎麼樣的
人，採取最適合的說明順序。

● 重點3：一邊協助對方整理思緒，一邊與對方溝通

在你說明清楚之前，對方完全不了解事情原委，這是理所當然的（對方如果明白，就不需要你來說明了。）想讓對方從一張白紙的狀態，切換成付諸行動的模式，就必須讓對方明白我們腦中的想法。

善用「引導詞彙」是最有效的方法，以下是最典型的範例。

> 「首先，說明這項專案的背景……。」
> 「接著，說明現狀課題……。」
> 「關於引起課題的原因是……。」
> 「排除原因的解決方法是……。」

在傳達內容前破題，直接點出接下來要說明的內容，這類用語就是「引導詞彙」。在每個主題前加一句「接下來，我要說的是……」，讓對方在腦海裡統整剛才聽到的話，同時準備聆聽接下來的主題，更容易理解內容。

遇到最重要的核心部分，若能直接先說：「接下來，最重要的關鍵是……」，對方就知道重點來了，不會遺漏重要部分。

hack 15 總結

◎ 說明時，要從對方的立場推想怎麼說更好。

◎ 站在對方的立場選擇語言措辭。

◎ 站在對方的立場調整說明順序。

◎ 善用「引導詞彙」，幫助對方爬梳語意，一邊聆聽一邊理解。

hack 16

描述過程 說重點

報　告　時　要　配　合　對　方　需　求

☹ 經常被人說：「我聽不懂你在說什麼。」

☹ 別人都說我的報告很難懂。

　　明明已經使出渾身解數說明了，得到的評語卻是：「說明太冗長了」，「聽到最後，還是聽不懂在說什麼」，你是否有過這樣的經驗？

　　我來舉例說明發生這種情況的原因。假設你今天到客戶那裡做了簡報，回來後主管問你結果如何？你這麼回答。

> 簡報對象有十位，其中一位是具有決定權的部長。首先，在說明引進部分時，部長頻頻點頭。在說明商品優勢時，部長一邊點頭一邊做筆記。從我的角度看不清楚部長寫了些什麼內容。說明完畢之後，是客戶的提問時間。部長針對引進部分，提出了幾個具體問題，我的回答是……。

如果換成以下回答，各位覺得如何？

> 簡報氣氛很好。部長針對引進部分提出許多問題，我認為部長充分理解簡報內容。

以上兩種回答都算簡潔，但要說哪種比較切中要點，相信各位都有答案。

把話說得太長或太籠統，通常是因為說話者只是「單純描述」自己的所見所聞。換句話說，你的說明不過是「陳述事實」罷了。

商業界常說「從結論開始說起」。**如果一五一十地描述自己看見什麼、聽見什麼，絕大多數的說明內容都是結論導出前的「來龍去脈」，往往因為如此，才會讓人忽略結論，覺得「說明太冗長了」、「聽不懂在說什麼」。**

更糟的是，習慣用「描述」來說明的人，每當有人跟他說你講的話很難懂，他會想要說得更精準一點、說得更具體一點，於是更詳盡地描述，結果陷入惡性循環。

如果你講話經常陷入相同窘境，請隨時提醒自己以下兩點。

重點1：不要執著「自己想說的話」，而是思考

「對方想聽什麼」

重點2：「結論與根據」一起說

● 重點1：不要執著「自己想說的話」，而是思考「對方想聽什麼」

在前述範例中，主管問你：「簡報結果如何？」，他想知道的其實是「簡報是否順利？」。如果你能想到這一點，你該回答的內容就是關於簡報的氣氛，也會知道「簡報對象有十位」，「從我的角度看不清楚部長寫了些什麼內容」都是不用報告的多餘情報。

在說明之前，養成「思考對方想聽什麼」的習慣，就能夠避免單純陳述事實，更簡單明瞭地傳達重點。

● 重點2：「結論與根據」一起說

主管問「簡報結果如何？」，如果你只回答：「氣氛很好，報告完畢。」主管還是不清楚為什麼氣氛很好，心中有疑問自然無法坦然接受你的說明，而且這樣的回答太過簡短了。

你認為「氣氛很好」，一定有其原因。若忽略原因、不說明這個部分，沒有任何根據，就無法令人信服。**強而**

有力的根據，會讓你的結論充滿說服力。

以剛剛的範例來說，你可以這樣回答。

> **結論：**簡報氣氛很好。
>
> **根據1：**因為部長一邊點頭一邊做筆記，表示完全聽懂簡報內容。
>
> **根據2：**因為部長針對引進部分提出許多具體問題。

簡明扼要地闡述，才是切中要點且具說服力的說明。

16 總結

◎ 了解對方想聽什麼，不要單純描述，要說重點。

◎「結論與根據」一起說，讓對方信服你的說明。

溝通效率

hack 17 說結論 → 統合前提

以四大前提為共識進行討論，讓溝通更順暢

☹ 說話明明就很有邏輯，對方卻好像一直都聽不懂，也無法信服。

☹ 討論過程沒有共識，無法做出結論。

大家常說：「做生意，說話要有邏輯。」但有時說話邏輯明明就十分清楚，卻無法取得共識，或是對方怎樣就是聽不懂，各位是否有過這樣的經驗？

如果你也有過類似經驗，問題可能出在「說話前提不一致」。說話時，通常都有聽話的人。**如果我們與對方在意的前提有落差，衍生出來的論述一定不同，自然沒有交集。**

在沒有察覺到「彼此的前提有落差」的情況下，一味想盡辦法要讓對方了解，鞏固自己的論點，話就會愈說愈冗長。到最後，對方愈來愈不明白你究竟想要說什麼，不清楚你想要傳達的想法。

想讓對方聽懂你的話，不妨想想以下範例。

請各位想像這樣的場景：你目前正在會議室裡，參加

提升業績的專案會議。

　　某位同事以「公司業務順遂」為前提思考，在會議上的發言大多從「如何進一步成長」的角度出發，提出了許多積極的建言。

　　有幾個同事的發言前提是「公司業務遲滯」，他們的論點以「掌握業績不振的根本原因」為主。

　　當會議成員的發言前提各不相同，即使論點再正確，也很容易無法取得共識。若大家互不相讓，討論便永遠沒有交集（hack 17圖表）。

重點1：現狀認知

重點2：觀點

重點3：討論層級

重點4：時間軸

● 重點1：現狀認知

　　假設現在的討論重點是「如何達成十億日圓的營業目標」，對現狀的認知會因為現在的營業額呈正成長或負成長而有不同。

　　如果營業額呈正成長，討論重點就在「如何加快成

097

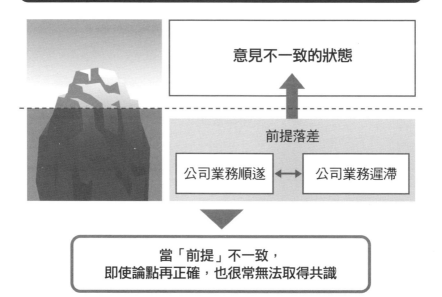

hack 17圖表　溝通時，應先統合討論前提

意見不一致的狀態

前提落差

公司業務順遂 ←→ 公司業務遲滯

當「前提」不一致，
即使論點再正確，也很常無法取得共識

長速度？」；如果營業額呈負成長，要探究的論點就會是「為什麼業績會掉？」。

即使大家都想知道「如何達成十億日圓的營業目標」，但只要對現狀認知有落差，就無法產生一致論點。

● 重點2：觀點

接著，以「處理客訴」為例來思考這一點。

從第一線人員的立場來看，以「客訴要迅速處理」為前提來思考解決方案。若從管理者的角度而言，「客訴是

改善的重要情報」，相關思考都是以此為先決條件。

　　同樣是客訴，若沒有事先統合要從哪個觀點出發，不管討論多久都不會有結果，請一定要特別注意。

☙ 重點3：討論層級

　　與別人溝通時，通常會先確定內容主題，例如：「開發新商品」、「營業目標」、「行銷活動」等。

　　但同樣的內容主題，也有不同的「討論層級」，很容易有盲點，請一定要特別留意。舉例來說，即使主題都一樣，也會因為「要談大方針或眼前的具體方案」等內容層級的差異，出現不同的論點。

　　討論「開發新商品」時，有人只談論「目標市場」、「目標族群」等大戰略，也有人只針對個別的促銷資材設計等作業層級感興趣。成員之間的討論層級不一致，就不會有重要的結論。「討論層級」不一致，也會導致彼此的溝通有落差。

☙ 重點4：時間軸

　　第四點要統合「時間軸」。通常「討論沒有結果」的局面，來自「彼此認定的時間軸不一致」。

　　最典型的狀況是A成員提出與長期課題有關的問題，

B成員卻頻頻提出每天在第一線遇到的問題。如果團隊成員對於「時間軸」的概念有落差，很難討論出一致的結論。

hack
17 總結

◎ 即使論點和結論都正確，當討論的「前提」有落差，很容易溝通沒有結果。

◎ 事先統合「現狀認知」、「觀點」、「討論層級」與「時間軸」等前提，讓溝通更順暢。

hack 18 說明 → 提問

主 動 提 問 ， 掌 握 溝 通 主 導 權

☹ 經常被人抱怨「說話冗長」。

☹ 沒人想跟自己溝通。

　　許多上班族太希望別人明白自己、理解自己，於是忍不住犯下說太多話的錯誤。

　　事實上，掌握溝通主導權的不是「說話者」，而是「聆聽者」。原因很簡單，讓對方多說話，有助於我們掌握對方的知識程度、想法和判斷基準，接著再根據這些情報，改變自己的說話方式。

　　「會說話的人也善於聆聽」，溝通順暢的關鍵在於「聆聽」。

　　「提問力」是聆聽時最重要的武器，培養提問力有以下兩項優點。

> 優點1：讓對方說出情報和想法
>
> 優點2：喚醒對方的自發性

● 優點1：讓對方說出情報和想法

每當有人問你問題時，你通常會瞬間進入「思考模式」。**只要提問者提出正確的問題，就能遠端遙控對方的大腦，打開思考開關，取得自己想要的資訊。**

我經常問別人：「您的意思是？」，這個問題可以打開對方大腦中的開關，讓對方進一步闡述背景需求和意圖，引導對方說出之前沒有說的話。溝通時，很多時候只是說話者的思想片段，無法看穿對方的整體想法。在這種情況下，適時提問：「您的意思是？」，有助於了解更多。

善用假設性問題也很有效，例如：「如果滿足某某條件，是否就代表某某之意？」。問對問題，可以進一步鎖定對方的好球帶，創造溝通成果（hack 18圖表）。

只要問對問題就能掌握主導權，看穿對方說話的真正意圖，達到更精準的溝通成果，這個妙方推薦給大家。

● 優點2：喚醒對方的自發性

問對問題不僅能讓對方思考，還能引導對方的思考方向。

舉例來說，假設有人問你：「這項工作何時完成？」，你的大腦一定會自動切換至「思考期限」的開關，於是給出「何時前可以完成」的答案。這個期限不是別人強迫你

hack 18圖表　**善用提問引導資訊**	
「您的意思是？」	問出話題的背景需求和意圖
「具體來說是？」	讓模糊的發言內容更明確
「為什麼？」	引導出對方發言的 真正目的、根據和理由
「還有呢？」	將對方的想法導向其他地方， 避免「忘記傳達」的錯誤
「如果遇到某某 狀況呢？」	了解對方的容許範圍，鎖定好球帶

溝通效率

訂的，而是透過「提問」，由你自發性決定的。

　　「提問」的價值在於發揮最大力量，讓對方說出自己的本意。合適的問題可以促使對方思考，營造「這是我自己發現、思考和決定的」狀態。

　　沒有人喜歡在做決定時受到他人強迫，大家都想照自我意志決定事情。合適的問題可以打開對方的開關，引導出對方自發性的想法。

hack 18 總結

◎ 合適的問題可以突顯對方想法的輪廓，使溝通更加順暢。

◎ 合適的問題可以打開對方的開關，引導出對方自發性的想法。

hack 19 數字

形容詞

避 免 模 糊 不 清 ， 消 除 無 效 資 訊

⊗ 打算在期限之前聯絡，對方卻抱怨「太晚了」。

⊗ 別人委託要在今天之前提出的資料，時間過了卻還沒完成。

　　當對方打電話告訴你他會晚一點到，你認為對方會遲到幾分鐘？筆者的預估是兩到三分鐘，有些人可能會認為五分鐘或十分鐘。

　　語言有各種表現方式，很多時候解讀方式也不只一種。正因為解讀方式太多了，有時會空出無謂的等待時間，或是多做了沒用的工作。

　　假設你跟客戶開會時，有人打電話給你。你跟對方說：「我很快就回電給你」，說完便掛上電話。你的「很快」可能是三十分鐘後，但對方的「很快」可能只有五分鐘。在這種情況下，若對方遲遲沒有接到你的電話，可能就會感到不滿。

　　每個人對於「馬上」、「盡快」、「緊急」、「還差一點」、「簡單的」這類形容詞與副詞的解讀差異甚大，很

容易引起誤會。

　　希望各位能夠留心一件事，那就是**「盡可能以具體數字與對方溝通」**，這麼做不但能夠避免不必要的誤會，還**能夠提高生產力**（hack 19 圖表）。

hack 19 圖表　**溝通時，以具體數字替代形容詞**

期限	「今天之前提交資料」 →	「下午五點前提交資料」
所需時間	「請給我一點時間」 →	「請給我十分鐘」
進度	「還差一點就能完成」 →	「再一天就能完成」
分量	「簡單的資料」 →	「10頁左右的資料」

　　以下四種情況最適合使用數字溝通：

　　情況1：期限
　　情況2：所需時間

> 情況3：進度
>
> 情況4：分量

◉ 情況1：期限

　　假設你跟某人說：「請在今天之前提交資料」，你的意思或許是「在下班前」，也就是「在下午五點前提交資料」，但對方很可能認為是「在今天結束之前」，也就是「在半夜十二點之前」。

　　未來居家辦公的人將會愈來愈多，「上班時間」的概念也會愈來愈彈性化，養成「以具體數字確認期限的習慣」便愈顯重要。

◉ 情況2：所需時間

　　想找主管討論事情，跟主管說「請給我一點時間」，但因為沒有具體說明需要多久，就被主管晾在一旁。偏偏等待期間不能工作，結果白白浪費了許多寶貴時間，才跟主管說上話。

　　遇到這種情形時，若能說出具體時間，例如：「請給我十分鐘討論事情」，主管就知道你要談的是「只須十分鐘就能解決的小事」，便會積極找出零碎時間與你討論。

◉ 情況3：進度

假設主管之前請你做一份資料，現在問你資料做到什麼程度。你的回答是：「還差一點就能完成」，相信閱讀至此，你應該已經明白這樣的回答很容易引起誤會。

在說明進度時，若能以明確數字替代形容詞，例如：「再一天就能完成」，就可以避免不必要的誤會。

◉ 情況4：分量

假設有人拜託你幫忙整理一份簡單的資料，你可能認為「簡單」指的是「十頁左右的資料」，但對方心裡想的或許是只有「一頁左右的資料」。兩人的認知差異相差了製作九頁資料的時間。

有鑑於此，每當有人以「簡單」、「稍微」、「很多」等模糊不清的詞彙拜託你做事，請務必以具體數字確認分量。

hack 19 總結

◎ 為了避免誤會，盡可能以數字取代較為模糊的形容詞和副詞。

◎ 確認「期限」、「所需時間」、「進度」與「分量」時，最適合使用具體數字。

用最小力氣，做出最大成果　無駄な仕事が全部消える超効率ハック

hack 20 善用比喻
理性正確 ➜ 促　　進　　直　　覺　　理　　解

⊗ 明明傳達了正確的訊息，對方的反應卻很冷淡。

⊗ 常被人說：「你的說明很難懂。」

　　當有人認為你說的話很難懂，通常不是因為不清楚內容細節，而是無法以直覺想像、無法直接理解你說的是什麼意思。 尤其是遇到有許多數字佐證的說明，或是需要解釋複雜的構造與邏輯時，很多時候都無法以直覺想像，需要在說明方式上多用點心。

　　要怎麼做，才能以淺顯易懂的方式，解釋難以用直覺想像的事情？善用「比喻」就是一種好方法。換句話說，就是以對方熟悉的事物替換難以用直覺想像的事物，幫助對方更容易理解（hack 20 圖表）。

　　以下四種情境最適合使用「比喻」來說明：

情境1：需要對方想像規模時

情境2：需要對方想像構造時

情境 3：需要對方想像特質時

情境 4：需要對方想像感覺時

---

hack 20 圖表　善用「比喻」來說明

規模	「日本國內一年喝掉的啤酒量，大約是兩個東京巨蛋。」
構造	「戰略部門是本公司的大腦，業務部門是本公司的引擎。」
特質	「A 先生是個像政治家的人。」
感覺	「邏輯思考就像練習揮棒，重點在於必須不斷練習，才能掌握擊出安打的訣竅。」

● 情境 1：需要對方想像規模時

聽到「日本國內一年喝掉的啤酒高達 266 萬 5,915 千升」這樣的話，相信各位很難用直覺想像究竟有多少，因為這個規模超乎一般人理解。

若是將「266 萬 5,915 千升」替換成「東京巨蛋的容

積」，以「大約是兩個東京巨蛋」來說明，大家立刻就能反應過來。

此外，「一般商業書的字數大約是12萬字」，由於字數太多，沒有閱讀習慣的人或許難以想像。如果換個說法，改以「一張原稿紙可以寫400字，一般商業書的字數大約是300張原稿紙」來說明，就能產生具體印象，理解「字數真的很多」。

當我們需要說明超乎一般人能想像的「量」與「規模」時，不妨替換成對方熟悉的事物來說明，讓對方更容易理解。

● 情境2：需要對方想像構造時

說明「自家公司各部門職責」時，若是詳細解說各部門的業務職掌，反而容易過於瑣碎，讓人愈聽愈模糊。

此時，若能用以下方式說明，更能事半功倍。

「戰略部門是本公司的大腦。」
「廣告部門是本公司的門面。」
「業務部門是本公司的引擎。」

像這樣善用比喻來說明，讓人一聽就懂。

● 情境3：需要對方想像特質時

通常在解釋事物特質時，必須詳細描述，但很容易過於冗長。以下是善用比喻最好的例子：

> 「那家公司很像Google。」
> 「A先生是個像政治家的人。」
> 「這本書是行銷聖經。」

像這樣類比別的事物加以說明，無須詳細描述，也能輕鬆傳達人事物的特質。

● 情境4：需要對方想像感覺時

「感覺」和邏輯不同，很難用言語說明。但如果是「感覺」，經常能用別的比喻替代，讓人更容易心領神會。

舉例來說，「邏輯思考的訓練比學習更重要」（參見hack 40）這句話很難引起共鳴，通常聽過就忘了。但如果是這麼說：

> 「邏輯思考就像練習揮棒，重點在於必須不斷練習，才能掌握擊出安打的訣竅。」

以每個人都熟悉的「練習揮棒」來比喻，讓人更容易想像「感覺」。

當你希望別人直覺就能想像「規模」、「構造」、「特質」和「感覺」時，請善用對方熟悉的事物來比喻，就能更有效達到溝通目標，各位不妨試試。

溝通效率

hack
20 總結

◎ 當有人認為你說的話很難懂，通常是因為「無法以直覺想像理解」。

◎ 想要說服對方，就要以對方熟悉的事物替換說明。

◎ 善用比喻來說明「規模」、「構造」、「特質」與「感覺」，使溝通事半功倍。

hack 21

直接反駁 → 傾聽

從「爭 輸 贏」進入「對 話」

☹ 説明條理分明，對方卻不認同。

☹ 對於無法接受的意見，很容易產生情緒反應，出言反駁。

　　為對方好而反駁對方意見，不料卻產生情緒反應，反而失去對方的信賴……相信大家或多或少都有過這樣的經驗。

　　不擅長溝通的人在面對與自己不同的意見時，很容易下意識直接說出反對意見，急於解釋自己主張的正確性。尤其是剛學會邏輯思考，自稱「論客」的人最容易陷入這個陷阱。

　　邏輯思考以「邏輯」為後盾征戰八方，提出主張的人很容易獲得成就感，可惜這種做法有時像把銳利的刀，連對方的感受也被大卸八塊，挑起無謂的情感糾葛和對立的人際關係。

　　那麼，我們該以什麼態度來面對跟自己不同的意見呢？

> **提醒1：**不要立刻反駁，先聽聽看對方的意見
>
> **提醒2：**找出對方好的一面

● 提醒1：不要立刻反駁，先聽聽看對方的意見

擁有自己的想法和信念是一件很棒的事，但遇到和自己不同的想法、信念或是離題的意見時，不妨先聽聽看對方的想法，以「對方沒錯」為前提思考。

「刻板觀念」和「片面斷定」會阻礙自己接受外界的新思想，將自己封閉在狹隘的世界裡。若能將自己認定的常識與先入為主的觀念擺在一旁，隨時抱持開放的態度，就能從其他角度看待眼前的事物。

若能從其他角度看待眼前的事物，「自己的內在世界」就能獲得前所未有的新觀點，擴展自己的世界。

為此，請冷靜接受自己無法理解的世界，努力理解那樣的世界。

● 提醒2：找出對方好的一面

溝通不是為了爭輸贏，而是對話。溝通的目的是要透過對話產生好點子。

即使對方的想法與自己的不同，也不要立刻反駁，而

是要活用其中好的部分，抱持正面的態度，思考怎麼做才能將對方的好點子昇華為更好的計畫或成果。

　　若能透過對話產生共鳴，就能放心說出真心話，加深彼此的關係。

 hack 21 總結

◎ 錯誤運用邏輯思考，反而會引起不必要的情感對立。

◎ 隨時保持開放的態度，獲得新觀點，擴展自己的世界。

hack

第**4**章

提升資料製作的

文書力

重點不是讓對方理解，而是幫助對方判斷

⊗ 按照吩咐製作資料，卻被要求重做。

⊗ 無法讓對方理解資料內容，等於白做了。

　　很多上班族以文書工作為主，在辦公室上班的時間大多用來製作資料文件。由此可知，製作資料是相當繁重的職責之一，而且種類很多，包括會議資料、調查資料、報告資料、提案資料、各式公文等。

　　好不容易蒐集統整好的資料，卻被評為「很難懂」、「不清楚想說什麼」，不然就是被主管要求重做，相信大家都有過類似經驗。

　　此外，無論點子有多好，如果不能有效運用在資料裡，開會、談生意或做簡報時都無法順利發揮出來、降低生產力，這種情況也不少見。

　　如果你經常遇到類似困擾，在開始製作資料之前，請務必留意這兩點：

> **重點1**：確認「這些資料要用來做什麼決定？」
>
> **重點2**：確認「這些資料要用在什麼場合？」

● 重點1：確認「這些資料要用來做什麼決定？」

製作資料的目的經常是提供適度線索，幫助做出判斷。事先確認「這些資料要用來做什麼決定？」，這會影響資料內容。

假設有人委託你統整一份「先進企業的人事制度資料」，若依照字面上的意思去做，完成的資料就是「先進企業人事制度調查報告書」。

在實際統整之前，如果先向委託者確認「這些資料要用來做什麼決定？」，結果將會如何？

委託者的原意若是「判斷自家公司能否採用先進企業的人事制度」，就不能只是「列舉先進企業的人事制度」，還需要統整「先進企業人事制度的優缺點」，才是一份有助於做決定的資料。

此外，若有人委託你統整一份關於A市場的資料，你也確認了這份資料是要用來評估能否進軍A市場，資料內容除了要「介紹A市場的概況」，還要整理「A市場的機會與風險」才能好好發揮作用。

● 重點2：確認「這些資料要用在什麼場合？」

假設你要做一份直屬主管在經營會議上需要使用的說明資料，很可能會用到投影機。此時，要用 PowerPoint 製作簡單明瞭的投影檔，另外再製作一份詳細的書面附件。如果你要做的是一份需要在部門內傳閱，而且團隊成員需要蓋章確認的文件，就要製作 Word 文件。

資料的使用場合，會影響具體內容。請容我再次強調：製作資料的目的，經常是幫助做出判斷，這點很重要。有鑑於此，確認「這些資料要用來做什麼決定？」，再思考該寫什麼以及該怎麼寫。

hack 22 總結

◎ 製作資料的目的是提供適度線索，幫助做出判斷。

◎ 製作資料前，應先確認這些資料「要用來做什麼決定」與「要用在什麼場合」。

hack
23 聚焦最必要的資料
廣泛蒐集
只 蒐 集 足 以 協 助 做 出 判 斷 的 資 料

☹ 花太多時間蒐集資料。

☹ 主管要求仔細研究，卻不知道該研究到什麼程度。

　　製作資料時，大多數的時間都用在研究調查蒐集相關情報。原因很簡單，無論執行什麼工作，都要從「正確掌握現狀」做起。不過，各位是否有過花太多時間蒐集資料，結果直到最後一刻才能趕工完畢的經驗？

　　愈是認真、嚴肅的人，會覺得資訊愈充分愈好，不錯漏任何情報才是正確做法，所以很容易將「蒐集完整資料」當成工作目標。

　　一般而言，蒐集資料依循「蒐集資料」、「整理資料」、「解讀資料」與「判斷事物」等步驟進行。簡單來說，**蒐集資料的價值，在於協助判斷**（hack 23 圖表）。

　　資料經常是為了有利於判斷而蒐集、統整的，如果什麼資料都要網羅進來，把時間全部花在蒐集資料上，反而本末倒置。有鑑於此，各位在蒐集資料時，請一定要養成

這個習慣：**釐清「做出判斷需要哪些最核心的資料」，再依優先順序，從最重要的資料開始蒐集整理，這樣就能以最省力的方式，蒐集到足以協助判斷的充足情報。**

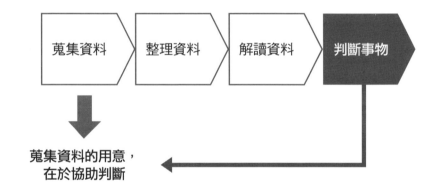

hack 23 圖表　蒐集資料的價值，在於協助判斷

蒐集資料 ▷ 整理資料 ▷ 解讀資料 ▷ 判斷事物

蒐集資料的用意，在於協助判斷

釐清以下兩大重點，是蒐集資料時的關鍵。

> **重點1**：了解目的
> **重點2**：建立假設

● 重點1：了解目的

首先，**要「知道蒐集資料的目的」**。換句話說，事前

須了解這些資料是要用來協助做什麼決定的。只要清楚這一點，就知道哪些資料有助於做出判斷，進而縮小成合適的資料統整範圍。

假如有助於做出判斷的資料只占大規模蒐集資料的兩成，代表可以省下八成的心力與時間，大幅度提升統整資料的生產力。

● 重點2：建立假設

第二點則是**「建立明確假設」**。

假設你是連鎖居酒屋的市場行銷負責人，你想要開發全新的居酒屋業態，因此需要蒐集資料。

「開發全新的居酒屋業態」是很明確的目的，但光是這個主題依舊不清楚該蒐集哪些範圍的資料，也不知道該蒐集到什麼層面，最後很可能陷入地毯式大範圍蒐集資料的地獄裡。

如果能夠先建立諸如「以粉領族為限定族群的居酒屋是否有市場需求？」的假設，就能將資料範圍限縮在「粉領族」身上，應該蒐集的資料層級也能聚焦在「是否有需求？」上。

hack
23 總結

◎ 不要漫無目的地大規模蒐集資料，只蒐集「有助於判斷的核心資料」。

◎ 蒐集資料前，應釐清「目的」和「假設」，就能有效蒐集到「有助於判斷的核心資料」。

hack 24 選取可用部分

全部逐字看完 →選取可用部分

根 據 判 斷 標 準 ， 先 確 認 資 料 是 否 有 用

☹ 仔細研讀資料，卻花光所有的時間。

☹ 以為全部都研究過了，最後才發現有缺漏。

　　你是否曾經因為仔細研讀所有資料，最後卻沒有時間製作文件了？或是到了最後一刻，才發現自己蒐集的資料根本就不夠用？

　　我們都希望能夠提高蒐集核心資料的效率，有時卻將太多時間花在資料的選用上，如果發生這種情況，這也是本末倒置的做法。而且，到了最後一刻才發現「資料根本就不夠用」，完全沒辦法補救。

　　在資料蒐集完成後，一定要盡快選取必要的部分。在選取資料時，請依循以下兩大重點。

> 重點1：盡早確認資料是否可用
>
> 重點2：評估資料的可信度

◉ 重點1：盡早確認資料是否可用

在資料蒐集完成後，在開始詳細研究所有資訊之前，一定要確認資料是否可用，所謂「可用資料」指的是足以佐證「假設」的有用情報。

生產力較低的人，很常從第一頁開始研讀相關報告。若讀完了才發現這份報告裡沒有可用資料，反而浪費大把時間，得不償失。

所以，第一步可以先查看報告的目錄，翻閱可能刊載有用資訊的頁面來確認內容，這是查閱資料的有用鐵則。

此外，在蒐集資料的過程中，有時會找到與當次主題無關、無法佐證假設，卻能引發好奇心的有趣資訊。個性認真、熱中學習的人會積極投入研究這些資訊，但從「資料製作生產力」的角度來說，這樣的行為並不必要。

◉ 重點2：評估資料的可信度

蒐集到的資料是用來協助判斷事物的根據，如果出錯，就會做出錯誤的判斷。**如果遇到多份資料互相矛盾，或直覺上覺得可疑時，請務必審慎評估資料的可信度**。請從以下四個觀點加以評估：

> **觀點1：**該份資料是否為真？
> **觀點2：**資料來源是否值得信任？
> **觀點3：**資料是否偏頗？
> **觀點4：**是否為最新資料？

觀點1：該份資料是否為真？

　　近年來網路發達，任何人都能輕易取得想要的資訊，但是含有虛假訊息的假消息也很容易散播出去。

　　當收到來源不明的資訊時，請務必養成查證的好習慣。可以先合理懷疑消息的正確性，再從多個資訊來源確認資料的真實性。

觀點2：資料來源是否值得信任？

　　雖然找到足以佐證假設的調查數據，卻發現資料來源是「個人部落客發起的問卷調查」，這份資料不具有可信度。

　　資料來源是否具有社會可信度，是決策者能否放心做出判斷的關鍵，絕對不能掉以輕心。

觀點3：資料是否偏頗？

　　假設有一份「目前20～29歲年輕人的轉職意向為90％」的問卷調查資料，但這份資料來自轉職網站公司

針對網站會員做的問卷調查，代表問卷調查公司與調查對象可能有所偏頗，可信度不公正。

分析數據的業界十分注重「代表性」，在評估資料的可信度時，必須審視資料是否毫無偏頗，足以反映整體現況。

觀點4：是否為最新資料？

假設有一份「居家辦公的實態調查」資料，但2019年、2020年以後爆發新冠疫情，「居家辦公實態」發生天翻地覆的變化。這代表2019年以前的資訊不具有充分參考價值，相信大家都能認同這一點。

使用公開的統計數據時，請一定要注意年代是否過於久遠，數據是否定期更新。

綜合以上內容，在蒐集好資料詳細研究之前，一定要先確認資料是否可用，評估資料的可信度，這樣就能盡早確定「資料是否充足」，可以提前尋找補充不足的部分，避免到了最後一刻才發現蒐集的資料不足，整個驚慌失措。

hack 24 總結

◎ 在蒐集好資料、詳細研究所有資訊之前，應先確認資料是否可用。

◎ 確認資料可用之後，應確認資料的可信度。

◎盡早確定「資料是否充足」，及早尋找補充不足
　的部分，提升資料製作的生產力。

hack
25
事實 → 線索

分 析 情 報 導 出 「 線 索 」

☹ 不知道如何從一堆資料中看出重要情報。
☹ 不懂得掌握分析資料的觀點。

　　單純列出事實和數據不算是好的資料報告，誠如hack 22、23分享過的，製作資料的目的是「協助判斷」。簡單來說，**如果沒有協助判斷的「線索」，製作資料就失去意義了。**

　　妥善分析蒐集到的資料，是從各種事實與數據導出「線索」的必要方法。雖說是「分析」，如果不知道「如何處理哪些資料」，擁有大量的事實和數據也沒有用。

　　想要妥善分析資料、導出有助於判斷的線索，請務必注意以下四大重點：

重點1：掌握規模

重點2：掌握趨勢發展

重點3：掌握整體和局部構圖

重點4：掌握整體和局部的因果關係

● 重點1：掌握規模

　　假設現在有兩個市場，一個市場的規模為一億日圓，另一個市場的規模高達一千億日圓，你認為哪個市場有創業商機？相信大家都會選擇後者。

　　「整體規模」與投資、成本等「資本規模」直接連結，深深影響判斷，這是一定要掌握的關鍵（hack 25圖表1）。

hack 25圖表1　掌握規模

「整體規模」與投資、成本等「資本規模」直接連結，
對於經營決策有重要影響。

● 重點2：掌握趨勢發展

　　若能分析「從過去到現在的趨勢」，可參考分析結果掌握大局，獲得未來型態的線索。

　　此時，請一定要注意「規則性」，指的是「重複出現的變化模式」，例如：「長期趨勢」與「週期變動」。若能

從過去到現在的趨勢中，找到「重複出現的變化模式」，就能預測下一個變化模式，導出有助於判斷的線索。

另一方面，「突出值」和「反曲點」也是值得注意的重點，「突出值」指的是偏離過去趨勢的突發傾向，「反曲點」指的是儘管過去呈現固定趨勢（朝上或朝下等），卻改變趨勢的轉折點與拐點。

「突出值與反曲點的存在」代表與過去不同的力道開始作用，產生與過去常識不同的結構性變化。有鑑於此，如果你發現「突出值」與「反曲點」的存在，不妨釐清那段時期發生了什麼事，有什麼樣的力量正在作用，或可洞見未來可能的發展（hack 25 圖表2）。

hack 25 圖表2　掌握趨勢發展

若能分析「從過去到現在的趨勢」，可參考分析結果掌握大局，獲得未來型態的線索。

◉ 重點3：掌握整體和局部構圖

營業額可以拆解成「販售數量×商品單價」，販售數量還能拆解成「來客數×單一顧客平均販售數量」。整體和局部構圖如下列所示：

> 營業額（整體）＝來客數（局部）×單一顧客平均販售數量（局部）×商品單價（局部）

事實和數據有各種要素互相牽扯，只看整體有時很難導出有用的線索。如果正確掌握整體和局部構圖，仔細理解每一項構成要素，有助於導出協助判斷的有用線索（hack 25圖表3）。

hack 25圖表3　掌握整體和局部構圖

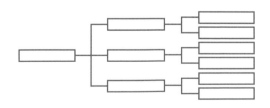

正確掌握整體和局部構圖，仔細理解每一項構成要素，有助於導出協助判斷的有用線索。

● 重點4：掌握整體和局部的因果關係

「因果關係」指的是一方的變化引發另一方的變化，產生「原因與結果的關係」。若能理解因果關係，利用人為方式創造「原因」，就能產生「結果」。反過來說，若能透過人為方式排除「原因」，避免發生「不好的結果」，便有助於解決問題。

找出事實和數據背後的因果關係，將因果關係套用在事實上，就能導出協助判斷的有用線索（hack 25圖表4）。

hack 25圖表4　掌握整體和局部的因果關係

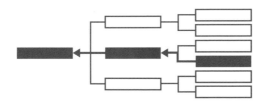

找出事實和數據之間的因果關係，
將因果關係套用在事實上，就能導出協助判斷的有用線索。

hack 25 總結

◎ 想要做出好的資料報告，必須確實「分析」，獲得有助於判斷的線索。

◎ 分析事實和數據時，若能著眼於「規模」、「趨勢發展」、「整體和局部構圖」、「整體和局部的因果關係」，就能導出有用的線索。

hack 26 構思整體內容

想到什麼就寫什麼

先 想 好 架 構 ， 再 填 寫 內 容

☹ 每次製作資料總是做成一大份。

☹ 花了不少時間製作資料，內容卻很沒有系統。

　　毫無計畫隨興製作資料，每做一頁才開始想下一頁該寫什麼內容，進度拖拖拉拉，很快就遇到瓶頸。而且，一不小心還很容易偏離主題，過度講究圖表或變換顏色，整個失焦，大幅降低資料製作的生產力。

　　在開始製作資料之前，一定要先思考資料的「整體構成」，也就是「打造資料整體的設計圖」。一開始就先想好設計圖，之後只要按照設計圖製作資料即可，就不容易偏離主題，進度會比較順利。

　　那麼，「資料整體的設計圖」包含什麼？大致可分成以下兩大關鍵部分：

關鍵1：資料的理論構成

關鍵2：資料的故事架構

● 關鍵 1：資料的理論構成

「理論構成」指的是資料陳述的「結論」與「根據」，在不考慮理論構成的情況下立刻著手製作資料，很容易製作出沒有結論的冗長文章，或是毫無根據、前後矛盾的內容。

思考資料的理論構成時，「金字塔結構」是最有效的工具。想要讓看資料的人認為資料想表達的結論「合乎邏輯」，就必須在資料中加入多個可以證實邏輯性的根據。

以圖像表示的話，「結論」置於頂點，多個「根據」置於下方，構成如金字塔的形狀，因此稱為「金字塔結構」（hack 26 圖表）。

單純列出事實和數據的資料，欠缺金字塔結構中位於

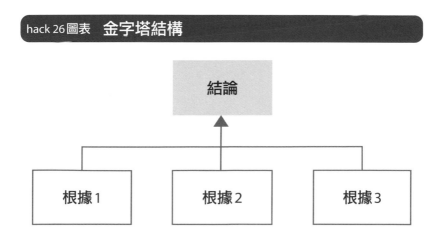

hack 26 圖表　金字塔結構

結論

根據 1　　根據 2　　根據 3

頂點的結論。相反地，只陳述主張的資料，欠缺位於金字塔結構底部的根據。

　　使用金字塔結構，有助於統整我們想在資料中闡述的理論構成，各位不妨試試看。

● 關鍵2：資料的故事架構

　　理論構成是以「結論」和「根據」為基礎，統整出「合乎邏輯」的內容，充其量只是「統整邏輯」的過程，光是這樣無法寫成充分的資料。

　　有資料就有看資料的人，將邏輯製作成資料時，必須思考「要用什麼順序表現理論構成，更容易讓對方理解？」。這個步驟就是「資料的故事架構」，一般常見範例如下：

第1頁：課題
第2頁：原因
第3頁：解決對策
第4頁：期待效果
第5頁：時間表
第6頁：職責分配
第7頁：費用

　　若想讓看資料的人理解「這份資料的重要性」，首先要在第一頁說明「課題」。針對課題提出根據，讓對方明白課題的重要性，覺得「這份資料值得認真研讀」，就會想要繼續看下去。

　　第二頁適合分析「引發課題的原因」。由於任何課題都有原因，如果不能排除原因，就無法完全解決問題。值得注意的是，第二頁也要提出根據，證明「這是導致課題的原因所在」。

　　第三頁的主題是排除原因的「解決對策」，第四頁的主題是「期待效果」，這樣的編排方式淺顯易懂。在這樣的資料中，「解決對策」相當於結論，「期待效果」相當於根據。對方閱讀資料到這裡，一定會產生疑問，想知道「具體而言，該如何完成工作？」。

　　這就是第五頁的內容，透過「時間表」讓對方理解「什麼時候要做到哪個階段」。接著，在第六頁解說「職責分配」，明確劃分每個人的角色，讓團隊成員明白「合作完成工作的可行性」。最後一頁，也就是第七頁要說明「費用」。之後就看主事者的決定。

　　總而言之，在投入製作資料之前，先打造好設計圖，建立「理論構成」和「故事架構」，就能避免白費時間，有效率地製作出合乎邏輯且淺顯易懂、井然有序的資料。

文書力

hack 26 總結

◎ 在製作資料之前，先統整「理論構成」和「故事架構」。

◎ 理論構成要整合「結論」與「根據」。

◎ 故事架構有助於整合出淺顯易懂、條理分明的資料，協助閱讀資料的人了解理論構成。

hack 27 只有文字 善用圖示

複 雜 內 容 簡 單 說 明 白

☹ 被反應説:「資料文字太多,不想看。」
☹ 想不出要在資料中放什麼圖。

製作資料多少都需要文字,但是光靠文字無法簡單說明複雜的關係與結構。

假設有個人從未看過日本地圖,現在要你用文字向他說明千葉縣的地理位置,相信各位都能理解,這是近乎不可能的任務。

此時,如果手邊有日本地圖,事情就簡單多了。只要將地圖拿給對方看,用手指出千葉縣的位置即可。

像這種光靠文字很難說明的情況,只要懂得善用圖示,就可以清楚呈現複雜的關係與結構,讓對方一看就懂。

什麼情況使用圖示說明比較好呢?常見有以下這四種:

狀況1:分類
狀況2:比較

> 狀況3：結構
>
> 狀況4：工作規劃

● 狀況1：分類

第一種狀況是想要「分類」資訊時。

假設你要在資料中說明商品的目標族群，年齡層為20歲到69歲的女性，以十歲為一個族群劃分，以下是用文字表現的結果：

> 20 ～ 29歲女性／ 30 ～ 39歲女性／ 40 ～ 49歲女性／
> 50 ～ 59歲女性／ 60 ～ 69歲女性

這樣的分類還算相對單純，所以光靠文字還是能夠表達意思。如果進一步將各年齡層的女性分成「重視品質派」、「重視價格派」、「重視設計派」，那麼解說商品的目標族群光用文字就會變得冗贅，使用圖示才能一目了然（hack 27圖表1）。

● 狀況2：比較

第二種狀況是想要「比較」資訊時。

假設你想比較自家公司商品與競爭公司商品A、B、

hack 27圖表1　分類資訊適合使用圖示說明

文字説明

- 30 ～ 39歲女性重視品質派／ 30 ～ 39歲女性重視價格派／ 30 ～ 39歲女性重視設計派
- 40 ～ 49歲女性重視品質派／ 40 ～ 49歲女性重視價格派／ 40 ～ 49歲女性重視設計派
- 50 ～ 59歲女性重視品質派／ 50 ～ 59歲女性重視價格派／ 50 ～ 59歲女性重視設計派
- 60 ～ 69歲女性重視品質派／ 60 ～ 69歲女性重視價格派／ 60 ～ 69歲女性重視設計派

➡ 從中鎖定　　40 ～ 49歲女性重視品質派／
50 ～ 59歲女性重視品質派

表格説明

	重視品質派	重視價格派	重視設計派
20 ～ 29歲女性			
30 ～ 39歲女性			
40 ～ 49歲女性	**目標族群**		
50 ～ 59歲女性			
60 ～ 69歲女性			

C的認知度、曾經購買的比率和購買意願，光靠文字説明不易達成一目了然的效果。原因很簡單，以文字比較各商品狀況時，很難用短短幾個字讓人一看就懂。比較的目的是突顯彼此的「差異」，若想比較兩樣以上的事物，善用圖表可以事半功倍（hack 27圖表2）。

hack 27 圖表2　透過圖示可以有效比較資訊

文字説明

- 自家公司商品的商品認知度為31%、曾經購買的比率為8%、購買意願為9%
- 競爭公司商品A的商品認知度為54%、曾經購買的比率為15%、購買意願為17%
- 競爭公司商品B的商品認知度為28%、曾經購買的比率為7%、購買意願為5%
- 競爭公司商品C的商品認知度為21%、曾經購買的比率為11%、購買意願為13%

表格説明

	自家公司商品	競爭公司商品A	競爭公司商品B	競爭公司商品C
商品認知度	31%	54%	28%	21%
曾經購買的比率	8%	15%	7%	11%
購買意願	9%	17%	5%	13%

直條圖説明

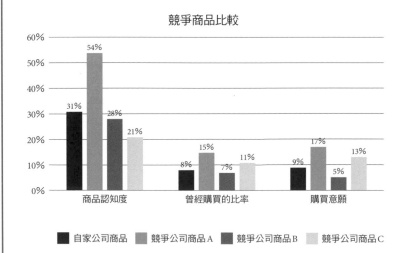

◉ 狀況3：結構

第三種狀況是要說明「結構」時。

假設你要從結構層面說明公司整體業績下滑的原因，如果透過文字解說，會如下方範例迂迴冗長。

- 公司整體業績包括A事業部、B事業部與C事業部的營業額。
- 其中，A事業部的營業額下滑幅度最大。
- B事業部與C事業部的營業額呈現持平狀況。
- A事業部的營業額包括A商品、B商品和C商品的銷售量。
- 其中，B商品的銷售量下滑幅度最大。
- A商品和C商品的銷售量呈現持平狀況。

一言以蔽之，就是公司整體業績下滑的原因在於A事業部的B商品銷售不佳。若想以淺顯易懂的方式解說「整體與局部結構」，圖示會比文字更簡潔有效（hack 27圖表3）。

◉ 狀況4：工作規劃

第四種狀況是要說明「工作規劃」時。

接下來，透過文字和圖示說明開發與投入新商品的工

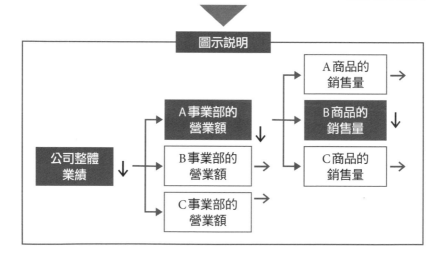

hack 27 圖表3　**橫條圖解更能清楚呈現「整體與局部結構」**

文字説明

- 公司整體業績包括A事業部、B事業部與C事業部的營業額。
- 其中，A事業部的營業額下滑幅度最大。
- B事業部與C事業部的營業額呈現持平狀況。
- A事業部的營業額包括A商品、B商品和C商品的銷售量。
- 其中，B商品的銷售量下滑幅度最大。
- A商品和C商品的銷售量呈現持平狀況。

圖示説明

作規劃，各位可以比較兩者的差異（hack 27圖表4）。

　　乍看之下，文字雖然也能清楚統整開發與投入新商品的工作規劃，但無法表現出「同時並行」的狀態。舉例來說，「STEP 1：掌握市場需求」、「STEP 2：掌握競爭動向」和「STEP 3：掌握自家公司的強項」可以同時並行，

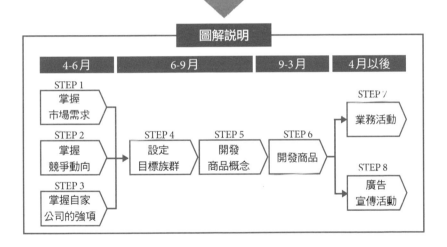

hack 27圖表4　善用圖示可清楚說明各階段的工作安排

文字說明

- STEP 1：掌握市場需求
- STEP 2：掌握競爭動向
- STEP 3：掌握自家公司的強項
- STEP 4：設定目標族群
- STEP 5：開發商品概念
- STEP 6：開發商品
- STEP 7：展開業務活動
- STEP 8：執行廣告宣傳活動

圖解說明

4-6月　　6-9月　　9-3月　　4月以後

STEP 1　掌握市場需求
STEP 2　掌握競爭動向
STEP 3　掌握自家公司的強項
STEP 4　設定目標族群
STEP 5　開發商品概念
STEP 6　開發商品
STEP 7　業務活動
STEP 8　廣告宣傳活動

但寫成文字看起來就像單獨作業。

　　文字有時很難表現同時並行的狀態，善用圖示可以幫助更快速理解。

　　綜合以上內容，善用圖示可以輕鬆呈現文字難以表達的關係與結構。此外，**圖示說明也不只能用於資料製作，**

還能幫助我們整理思緒或讓會議進行得更順利，希望各位都能學會並善用這項技巧。

hack 27 總結

◎ 光用文字難以表達的複雜事物，善用圖示就能一目了然。

◎ 說明「分類」、「比較」、「整體與局部結構」與「工作規劃」時，圖示說明可以事半功倍。

hack 28

用力填滿 → **簡潔俐落**

簡 化 資 料 文 字 和 視 覺 資 訊

☹ 想讓資料看起來更美觀，結果加了一大堆視覺效果。

☹ 想要盡可能説明詳細，結果文字量和頁數一直膨脹。

愈來愈多企業想要改革工作型態、減少加班時間，不想再浪費成本在低效率的工作方式上。不只製作資料的人時間不夠用，閱讀資料的人也一樣，沒有人有大把時間和心力琢磨複雜的資料。

可惜很多人都無法評估、體會看資料的人有何想法，結果不客觀的立場導致資料愈做愈厚。

製作資料的人大多是相關負責人員，比其他人都理解內容，很容易將手邊所有情報全部塞進資料裡，但這很容易導致以下的惡性循環：

①**製作資料的人：**將所有情報全部塞進資料裡。

②**看資料的人：**資訊太多了，很難迅速掌握整體樣貌和重點，也難以看出結論和論點。

③**製作資料的人**：投入大量時間，對方卻看不懂……

④**看資料的人**：資料難懂是因為塞滿了各種情報，製作者卻沒有發現這個問題。

⑤**製作資料的人**：接收修改指令卻沒抓到要點，加上為了解決資料難懂的問題，因此說明得更詳細，結果頁數暴增，變得更複雜。

⑥**看資料的人**：更難看懂內容了，多次要求修改。

通常看資料的人認為「資料難懂」，並不是因為「內容不清楚」，而是無法一目了然「資料的主旨重點」、「論述根據」和「結論」。

如果製作好的資料能夠不浪費對方的時間，簡潔扼要達到效果，不僅可縮短製作資料的時間，還能節省對方閱讀資料的時間，大幅提升資料製作的生產力。為此，請注意以下三大重點：

重點1：突顯理論構成與故事架構

重點2：簡化文字

重點3：簡化視覺裝飾

◉ 重點1：突顯理論構成與故事架構

理論構成如果明確，「結論」和「根據」就會清晰；故事架構如果明確，「故事內容」和「順序」就會清晰（參見hack 26）。如此一來，就能去除多餘的要素，讓資料簡單明瞭。

在動手製作資料之前，不妨先向對方請益，確認「理論構成」與「故事架構」是否正確。這是避免白做工的妙方，強力推薦各位嘗試。

這麼做還有一項好處，看資料的人在這個階段就明白相關論點和主題，有效避免實際看資料後看不懂的問題。

◉ 重點2：簡化文字

當一份資料的文字量太大，看資料的人很容易滿腦子都是文字，無法憑直覺理解內容。為了避免這個問題，請善用以下技巧。

- 不要長篇大論，多用條列式寫法。
- 利用圖示說明複雜的關係與結構（參考hack 27）。
- 省略「然後」、「其次」、「所以」等多餘連接詞。
- 省略「確實」、「仔細」、「慢慢」等冗贅的副

詞和形容詞。

- 措辭簡單清楚（「減少10％的可能性很高」→「可能減少10％」）。

◉ 重點3：簡化視覺裝飾

運用優美的視覺效果確實可以訴諸閱讀者的感性，但若是過度堅持美學設計，可能會沒有時間做正事。此外，資料的品質，也並非取決於華麗的視覺效果。

有時我們會看到使用大量箭頭或色彩繽紛的資料，如果這類視覺效果太多、太花俏，反而會造成負擔或產生不必要的誤解。

工作上需要的資料不是美術作品，是營業工具。資料做得漂亮確實加分，但最重要的是「表達內容」。有鑑於此，**在考慮為資料加上哪些視覺裝飾時，必須想清楚該減少什麼或強調什麼，才能突顯資料的重點。**

hack 28 總結

◎ 簡潔扼要的資料可以有效節省製作者和閱讀者的時間。

◎ 想要製作簡潔扼要的資料，事先需要釐清「理論構成」與「故事架構」。

◎ 製作資料時，應謹慎簡化文字量，避免不必要的視覺轟炸。

hack

hack 29 不說話 → 習慣發言

養 成 發 言 習 慣 的 五 大 步 驟

☹ 話題一個接一個展開，完全跟不上，也找不到時機說話。
☹ 發現自己說錯話了，正在想該怎麼辦時，卻錯過發言時機。

　　「開會時不敢發言」，相信許多人都有這種煩惱。不少負責管理員工的主管或公司前輩，也很討厭年輕同事或新進員工開會時都不說話。

　　近年來，職場上還有一股風潮，凡是開會時不發表意見的人，下次開會就不找他。這樣的風潮，使得更多人怯於在會議上發言。

　　可是，開會時不敢發言的人就是不敢，即使跟他說「隨便說幾句都好」也沒用。如果你剛好也是這樣的人，建議可以採取以下方法，分階段習慣開會發言（hack 29 圖表）。

> STEP 1：主動應聲附和
> STEP 2：主動加上贊成意見

STEP 3：主動確認內容

STEP 4：主動提出質疑

STEP 5：主動提議

hack 29圖表　五步驟養成開會習慣發言

STEP 1 主動應聲附和	別人說話時主動附和， 慢慢減少「跟不上話題」的情況。
STEP 2 主動加上 贊成意見	培養辨別能力，妥善理解對方的發言內容， 學會區分「可以贊成」與「不能贊成」的部分。
STEP 3 主動確認內容	培養洞察力，找出「尚待釐清的議題」， 協助團隊順利開會，做出貢獻。
STEP 4 主動提出質疑	針對每位成員的發言， 找出隱藏在背後的「本意」與「前提」， 放在檯面上共同討論。
STEP 5 主動提議	不要畏畏縮縮地嘗試說出正解， 而是以平常心提出可能性，積極建言。

●STEP 1：主動應聲附和

第一步是主動附和會議成員的發言。具體而言，就是當別人說話時，跟著附和「原來如此！」、「確實是這樣！」……就算有點誇張也沒關係。請務必養成應聲附和的習慣。

重點在於「只」應聲附和，絕對不做其他事。如果分心思考「如何回應對方的話？」，說話的時機就會在你考慮時溜走。

有趣的是，**「只」專注於應聲附和，反而能將注意力投入「說話內容」，慢慢減少「跟不上話題」的情況**。從發言者的角度來看，也會覺得有人了解我在說什麼，還主動回應，因此覺得開心。

●STEP 2：主動加上贊成意見

第二步是對於會議成員的發言，加上贊成意見。例如，在某人發言之後，立刻做出「我也是這麼想」，「從某某觀點來看，你說得很對」，「說到這個，某某事實也佐證了你的觀點」等回應。

在會議上，對別人說的話發表反對意見需要勇氣；如果是錦上添花，加上贊成意見，就比較能輕鬆說出口。

從對方的發言中找出可以贊成的部分，積極加入贊成意見，養成在會議上發言的習慣。

在這個階段，你應該已經培養辨別能力，能夠理解對方的發言內容，學會區分「可以贊成」與「不能贊成」的部分。

● STEP 3：主動確認內容

具體而言，主動確認內容最典型的例子是「不好意思，我不大理解你的意思……可以確認一下嗎？」，或是「換句話說……你剛剛的意思是這樣嗎？」等說法。

即使是同一句話，每個人的表現方式皆有不同。在相同場合聽到同一句話，每個人的解讀方式也不一樣。

有時乍聽之下每個人說的話不一樣，但其實大家說的是同一件事，只是表達方式不同而已。

在此情況下，如果可以向對方確認，他剛剛說的話是不是自己想的這個意思，有時還會遇到意見契合的情況，讓會議氣氛更加融洽。

別想得太難，你要做的只是「確認」而已。有趣的是，有時「確認」可以讓會議成員的解讀一致，將大家串聯在一起，讓會議進行得更加順暢。

各位若能在第三階段學會「主動確認內容」，就能

培養洞察力，找出「尚待釐清的議題」，協助團隊順利開會，做出貢獻。

● STEP 4：主動提出質疑

開會時，難免有人說出預料之外的言論，遇到這種情形時，不妨提出質疑，問對方：「你剛剛說的話，是不是有什麼背景因素？」，「我想了解你這麼想是否有什麼原因，可以請你說明嗎？」。

這個階段要做的事也很簡單，只要「提問」就好。提問沒有對錯，只要掌握得宜，無須擔心問錯了該怎麼辦，問就對了！

開會時適度提問，可以針對每位成員的發言，找出隱藏在背後的「本意」與「前提」，放在檯面上共同討論。

● STEP 5：主動提議

最後階段要做的是「積極提議」，主動告訴對方自己的想法，聆聽對方的回應。

商業世界是經營未來，沒有人能夠正確預言未來，關於未來沒有正確答案，也沒有錯誤答案。因此，**開會時不要畏畏縮縮地嘗試說出獨一無二的正解，而是以平常心提出可能性，積極建言。**

hack
29 總結

◎ 分階段習慣開會時發言，讓你更快習慣在會議
上發言。

◎ 開會時不要畏畏縮縮地嘗試說出獨一無二的正解，
而是以平常心提出可能性，說出意見。

開會方法 會議目標

開 會 時 ， 應 區 分 方 法 與 目 的

⊗ 許多會議是在目的不明確的狀態下進行的。

⊗ 定期會議是為了開會而開的會。

　　「今天的會議要討論某某主題，請各位踴躍提出意見。」許多會議的開場白都是這句話，翻閱與開會效率有關的書籍，每一本都說：「會議目的應該明確。」

　　然而，有時會議目的看似明確，卻不小心將「方法」誤當成「目的」，以下是最好的例子：

> 「今天開會的目的，是要聽聽看大家對某某主題的意見。」
>
> 「今天開會的目的，是要針對某某主題進行討論。」

　　這些都是在會議中「要做的事」，不是「目的」。

　　以料理來說明，各位更容易理解。如果有人說，料理的目的是「把菜煮熟」，各位是不是覺得很合理？可是，

如果不知道要做什麼料理，只說「目的是把菜煮熟」，不會知道要「煮什麼」、「為什麼煮」，或者「該煮到什麼程度」。

所以，你至少需要在會議開始時釐清「目標」。

重點1：釐清會議目標

重點2：釐清目標水準

重點3：修正目標軌道，發揮暗椿精神

● 重點1：釐清會議目標

日標指的是「應達成的狀態」，**開會時一定要釐清「這場會議應達成什麼？」**。

以剛剛舉的料理為例，假設你的目標是「煎出好吃的牛排」。如果將「把菜煮熟」當成目標，會議成員也許會開始討論「烤雞肉串」、「煎魚」等話題，偏離開會目的。若在開會前就明確指出主題是「煎出好吃的牛排」，會議成員就知道「採用煎這個烹煮方法是為了吃到美味的牛排」，不會聚焦討論烤雞肉串、煎魚，確保會議能夠有效進行。

◗ 重點 2：釐清目標水準

還有另一件事也很重要，那就是釐清「目標要做到什麼水準？」。

假設你的目標是「煎出好吃的牛排」，但好吃的牛排究竟是「一分熟」還是「五分熟」？或是「全熟」？熟度影響要煎到什麼程度。

把這個概念套用在開會上，只說「開會的目的是針對某某主題提出意見」，沒人知道該出多少意見才夠。**如果明確訂定「目標的達成水準」，所有人就知道這場會議只要達到什麼狀態即可。於是，與會者在開會前有了心理準備，可以在開會時朝著目標討論到應有的水準。**

至於「應有水準」的標準為何？「討論出五到六個可以參考的提案即可」，或「所有人絞盡腦汁提出創意，還要決定策略方針」──這兩種不同狀態會改變議題的討論程度。

所以，正式開會前，一定要先確認目標，讓所有成員朝相同方向前進，避免偏離主題，大幅降低開會品質與生產力。

● 重點3：修正目標軌道，發揮暗樁精神

　　話說回來，還是有無數會議的主持人以「今天開會的目的，是要針對某某主題進行討論」開場。此時，如果直接問：「討論是方法吧？這次開會的目標是什麼呢？」，未免顯得太尖銳，而且也需要勇氣才能把話說得這麼直。

　　不妨溫和一點說：「不好意思，不知道我的解讀是否正確。我想確認一下，今天開會的目標是提出五到六個提案，對嗎？」以自己為主體，用「我想確認一下」這樣的問法和緩確認。

　　就算你提出錯誤的假設目標也沒關係，應該說假設目標是錯的，對結果更有利。因為主持人或主責人一定會回應，可能說：「不是，除了提案，我們還要統合成策略方針。」**如此一來，就能問出會議真正想要達到的目標。**

　　日本演藝圈有一種藝人型態稱為「暗樁」。一般綜藝節目是由主持人掌控全場，節目來賓（通告藝人）坐在一起。「暗樁」也是節目來賓之一，負責接主持人丟的哏炒熱氣氛，讓節目進行得更順利。簡單來說，就是暗地裡掌控全場氣氛的角色。

　　開會時，很容易變成會議主持人唱獨角戲的場子，如果你想改變，認為有其他方法可以協助提升開會效率，**不**

妨發揮通告藝人的暗椿精神，藉由確認議題的方式和會議主持人和重要窗口互動，凝聚團隊的向心力。

hack 30 總結

◎ 明確設定會議目標，避免開會時偏離主題。

◎ 明確設定「目標應達成的水準」，讓與會者了解要討論到什麼程度。

◎ 即使自己不是會議主持人，也可以發揮「暗椿精神」，協助會議進行。

hack
31 事前共享資訊
在會議上說明 →
事　先　共　享　資　訊　再　開　會

⊗ 開會時很容易出現偏離主題的意見。

⊗ 即使在會議上分發資料，成員還是不了解資料內容。

你是否曾經出席過像以下這樣的會議？

被叫去開會是沒關係，但我只收到一封電子郵件，要我到會議室開會，卻沒通知這次會議要討論什麼主題。到了會議室坐下來之後，出席會議的A同事態度自若地發起會議資料，跟大家說：「我做了一份資料，請大家參考。」發完資料後，A同事朗讀般一張張仔細說明。

另一位出席會議的B同事對這份資料毫不關心，一直盯著筆記型電腦的螢幕，專心回覆電子郵件，處理私人事務……。此外，另一位與會者C同事專心讀著資料，一邊點頭，努力理解資料內容。

A同事花了十五分鐘說明資料內容後，緩緩抬頭問在場其他人的意見。在眾人沉默幾秒之

後，率先發言的是剛剛努力看資料的C同事，可是他說的都與資料內容無關，而是對資料的做法提出質疑。剛剛仔細說明資料內容的A同事，在筆記本上記錄C同事提出的問題。只見C同事不斷提出問題，A同事的臉色愈來愈難看……。

另一方面，一直在處理私人事務的B同事只說了一句話：「我覺得照資料說的做就可以。」

各位覺得這場會議可以算是高生產力嗎？如果不是，哪裡不好？該怎麼做，才能改善？

> **建議1**：事前通知開會主題
> **建議2**：事前提供會議資料

● 建議1：事前通知開會主題

首先，可以改善的地方就是**「事前通知開會主題」**，**讓與會者知道開會時要談什麼**。不知道「議題」，就不知道會議的重要性。

很多時候，就是因為不知道會議的重要性，才會出現「坐在現場卻沒在開會的人」，例如用筆記型電腦處理私人事務的B同事，他自行判斷這場會議可有可無，覺得處

理電子郵件比較重要，只顧著做自己的事。

　　由於B同事完全不知道這場會議的主題是什麼，即使他說出「我覺得照資料說的做就可以」，事後很可能也會不認帳，徒生爭議。

　　簡單來說，看似在會議上達成共識，但是過了一段時間之後，很可能又要重新開會討論。

● 建議2：事前提供會議資料

　　不僅如此，**開會時才分發會議資料，也是問題所在。**

　　假設開會前就先提供會議資料，讓所有成員研讀，就不用花十五分鐘一頁頁朗讀。事先提供資料，代表與會者必須自己找時間看，面對相同的資訊量，「用眼睛看」的理解時間，絕對比「聽別人說明」還要快。

　　此外，開會前沒拿到資料，與會者只能被迫在開會時了解資料內容。這麼做就會導致像C同事一樣，提出的問題流於表面，質疑的都是「資料做法」，而非「關鍵的資料內容」。**「無用會議」的最大特徵，就是開會時不斷出現「質疑」和「指責」，毫無收穫與價值。**

　　如果開會前不提供「議題」和「資料」，與會者在會議開始前可能根本不知道這場會議要談什麼，也不知道自己對於議題該有什麼看法。

　　反過來說，事前提供議題和資料給與會者，請他們在開會前先看過資料，他們在開會時就能說出自己的意見。這麼做可以讓所有人充分討論各種想法，大幅度提升會議品質。

hack
31 總結

◎ 事前提供議題和資料給與會者，讓所有成員開會前預作準備，開會時就能充分交流意見。

hack 32

且戰且走 注意時間

縮短開會時間，善用每一分鐘

☹ 太多會議都是「先開再説」。

☹ 與會人數太多，不只耗費時間，也不容易整合意見。

「這次的會議也請某某人出席吧！」

「總之，我們先從這項議題開始吧！」

太多會議給人的感覺都是「先開再說」，根據筆者的經驗，以「總之」為開場白的會議大多拖拖拉拉，沒完沒了。因為「總之」的背後隱藏了「並未深思，只是先這樣做」的意思，至於會議要怎麼開，就「且戰且走，聽天由命」了。

想要改變這種情況，不想再開冗長無效會議的話，請務必注意以下兩點：

重點1：精簡開會人數

重點2：分配每項議題的討論時間

● 重點 1：精簡開會人數

　　很多時候，最後才想到「也邀請某某人來開會吧！」，其實代表某某人之於這場會議是可有可無的人。這種想法只會增加會議的出席人數，很容易拖累會議效率。或許會議主辦人是為了對方好，才邀請對方出席，但大多數這類「可有可無」的人，並不了解會議主題，只是因為會議主辦人邀請就來了，根本不知道自己該做什麼，以作客心態出席會議，自然不容易有深入的討論。

　　此外，會議人數愈多，原本有共識的提案也難以統合意見。每個人的發言時間變少了，討論容易流於表面。一直到會議結束之前，很多人依舊堅持自己的想法。會議快結束的時候，有人跳出來反對，提出其他意見，又拖延了許多時間，甚至將這次開會的議題帶入下一次會議。

　　為了避免這種情況發生，**必須改變選擇與會者的標準，不再邀請「所有相關人士」，而是以「不在場會很麻煩」為前提，只邀請「必要人員」出席。**

　　如果你不是會議主責窗口，也不是因為「不在場會很麻煩」而出席會議，純粹是來湊人數的，不妨在開會時點出各議題的論點，發揮 hack 30 提到的「暗樁精神」提出建議，例如：

「我有個提議，這項議題與其由所有成員一起討論，不如選出幾位代表，由他們接著討論，或許比較合適。」

◉ 重點 2：分配每項議題的討論時間

開會時通常會訂定主題和結束時間，但不見得會針對各項小議題分配討論時間。

若能針對各項小議題分配討論時間，可以有效發揮「截止時間的效果」，縮短整個會議的時間。根據筆者的經驗，若每項議題都規定了討論時間，大家就會從重要議題開始討論，或是在討論某項議題時只決定方針，剩下的工作交給小組會議去做，設法提高會議生產力。

但是，這裡的重點不是需要根據時間表結束討論，這不是開會的目的。開會的目的是「要達成目標」，若在目標達成前因為時間到了就直接結束會議，這是捨本逐末了。**分配每項議題討論時間的目的，是要提醒每位會議成員「注意時間」。**

遺憾的是，不少企業中有一定年紀的人，開會時較不注重時間，有些人甚至認為開會時間愈長，會議就愈充實。只要事先針對每項議題分配討論時間，並且有效掌控，就能慢慢提升時間意識。

　　筆者某次開會時確認每項議題的時間分配，當時我說：「這次要討論三項議題，每項議題大約討論20分鐘，所以討論時間是一小時。不過，第二項議題看起來需要較多的時間討論，所以時間分配大約是15、30和15分鐘，各位覺得如何？」利用這個方式，也能讓會議主持人注意時間。

　　討論時間如果快到了，我也會出聲提醒，催促大家加速討論，自然能夠發揮截止時間的效果。只要善用「暗椿」技巧，就能在融洽氣氛下，提醒大家注意時間。

hack
32 總結

◎「先開會再說」的心態，是讓會議「且戰且走」、效率不佳的原因。

◎ 只邀請「不在場會很麻煩的必要人員」出席會議。

◎ 針對每項議題分配討論時間，提升與會者的時間意識。

hack 33 統合論點

意見紛雜 → 統合論點

焦 點 明 確 ， 避 免 偏 離 主 題

☹ 開會時提出的意見經常分歧。

☹ 雖然有許多意見，但每次都偏離主題，浪費了不少時間。

    很多會議經常是「每個人都發表意見，卻無法取得共識」，大家的目標明明一致，所有人的言論卻宛如消散在空氣裡，遲遲無法做出結論……。

    這類會議大致可以分成以下四種情況，容筆者一一說明原因和解決方法（hack 33 圖表1）。

> 情況1：前提不一致
>
> 情況2：論點偏離主題
>
> 情況3：困在瑣碎的論述裡
>
> 情況4：一直討論當場無法得到答案的論點

hack 33圖表1　會議沒有共識的四種常見情況和因應方法

前提不一致	與會者各有自己的前提，無法統合意見
論點偏離主題	謹守「一個論點有結論後 討論下一個論點」的原則
困在瑣碎的 論述裡	提出假設結論，積極推動下一步
一直討論當場無法 得到答案的論點	「有助於得到答案的關鍵是什麼？」 與會者要對這點做出共識

● 情況1：前提不一致

假設這次開會的目的是訂定並討論「提升營業額的方針」，儘管目標已經確定，若與會者之間的「前提」不一致，也無法有效產生共識。

常見分歧1：討論範圍

常見分歧2：對現狀的認知不同

常見分歧3：議題焦點

常見分歧4：既有資訊

常見分歧5：時間軸

常見分歧1：討論範圍

　　未先確定討論範圍，大家的意見就容易南轅北轍。

　　假設有人是以「業務部」的立場發言，其他人站在「業務部和商品開發部」的角度聆聽，由於討論對象範圍不同，自然容易沒有交集。

常見分歧2：對現狀的認知不同

　　對現狀的認知不同，也是同樣的道理。

　　假設討論主題是「如何提升營業額」，有些人認為「公司業績逐漸好轉」，有些人卻認為「公司業績持續低迷」，雙方的論點基本上不同。

　　前者的意見大多對未來抱持樂觀，討論該如何運用可能的機會；後者大多檢討過去的表現，聚焦於業績低迷的原因。

常見分歧3：議題焦點

　　討論的議題焦點不同，也是容易有落差的關鍵。

　　有些與會者認為問題在於「商品魅力」，其他人則認為「業務能力」才是關鍵。由於對於課題的認知不一，討論提升營業額的方法自然成為兩條平行線。

常見分歧4：既有資訊

　　讓所有與會者共享既有資訊，把這件事當成開會前提很重要。

假設有人知道「競爭公司將在一個月後推出劃時代的商品」，以此為前提發表意見，但其他人卻完全不知道這項消息，會議可能不容易促進有效的交流討論。

常見分歧5：時間軸

同樣討論「如何提升營業額？」這個主題，若時間軸不一致，也很難取得共識。例如：究竟是要提升「下個月的營業額」，還是針對「中長期業績成長」進行討論，不同時間軸的策略絕對不同。

以提升「下個月的營業額」為前提討論的與會者，提出來的大多是「現在」就能執行的短期營業對策。至於認為應該針對「中長期業績成長」進行討論的人，則大談「較為宏觀」的營業方針，包括開發新商品等做法。

總的來說，**如果討論前提不一致，不容易討論出大家都認同的共識**（hack 33圖表2）。如果發現討論前提不一致，不妨在大家發表意見後提問，**透過「你為什麼會這麼想？」，「什麼背景因素讓你產生這樣的想法？」等問題，了解對方的前提。這個方法可以有效整合大家的前提，讓開會過程更順利。**

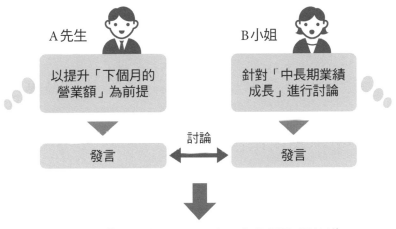

hack 33圖表2　**討論的「時間軸」不一致，就會發生以下情形**

A先生

以提升「下個月的
營業額」為前提

↓

發言

←討論→

B小姐

針對「中長期業績
成長」進行討論

↓

發言

↓

討論的「時間軸」不一致，也很難取得共識

◉ 情況2：論點偏離主題

在討論某項議題時，突然有人說：「對了！那件事
（與會議主題無關）後來怎麼了？」於是，所有人開始討
論起與主題無關的事情，會議焦點完全偏離主軸，而且這
種情況其實很常見。

開會時，如果不遵守「一個論點有結論後討論下一個
論點」的原則，就會發生「大家爭相發言卻沒有共識，最
後一事無成」的窘境。隨時提醒「現在在談的議題」，避
免偏離主題，才能有效整合論點，最後產生共識。

　　若遲遲沒有結論，又發現大家的論點有落差，建議各位不妨發揮hack 30分享的「暗樁精神」，利用以下的說法統合論點。

> 「不好意思，我有點沒跟上討論內容。我想確認一下，現在的討論重點是什麼？」
>
> 「我們是不是先對剛剛的議題做出結論？」

● 情況3：困在瑣碎的論述裡

　　開會時，若大家一直堅持大同小異的論點，會讓討論沒完沒了，無法收尾。

　　像這種情況，堅持己見的當事者對於開會效率不佳都有責任，但如果直接說白了，一定會得罪人。為了避免不必要的衝突，建議各位可以視角色和情況，善用以下說法緩和現場氣氛。

> 「如果對目前的情勢沒有太大影響，不如推動A方案，若有錯再修正，各位覺得如何？」

● 情況4：一直討論當場無法得到答案的論點

開會要討論的是必須先調查研究才能有答案的事，卻沒有事先做調查研究，硬要在當場做出結論，像這種會議也很常偏離主題、沒有成效。

遇到這種情況時，不妨提議：

> **「這項議題一定要先調查研究才能有結論。今天的會議就先決定有助於提出結論的調查對象吧，各位覺得如何？」**

hack 33 總結

◎ 開會時，先統合「前提」才能有效取得共識。

◎ 為了避免偏離主題、毫無結論，謹守「一個論點有結論後討論下一個論點」的原則。

◎ 開會時，面對論述瑣碎、毫無進展，不妨提出假設結論，推動會議進度往下走。

◎ 針對必須調查研究才有答案的論點，與會成員應先確認「要調查研究什麼才有結論」。

hack 34 善用白板
筆記本
將 言 語 空 戰 化 為 有 形 文 字

☹ 不小心想到其他事去，跟不上大家的討論節奏。

☹ 明明決定了很多事，事後卻想不起來做了哪些決定。

　　會議是「無形語言」的應答；說得具象一點，就是所有人都向空中丟出「看不見的石頭」，但沒有人知道丟出去的石頭是否能被所有人接住。於是，論點迥異的意見激烈交鋒，沒有任何共識，話題不斷轉變，拖垮了會議的生產力，這種情況十分常見。

　　如果能夠善用白板，將重要意見寫在白板上，就能避免「無形的言語空戰」。

　　把重要意見寫在白板上的作用，是讓重點留存下來，方便隨時回顧，不是說了就忘。開會時在白板上寫下重點，有以下五大好處：

> 好處1：容易專注在議題討論上
>
> 好處2：避免認知落差

好處3：刺激發想

好處4：易於做出結論

好處5：方便回顧討論過程

好處1：容易專注在議題討論上

大家剛出社會時，應該都遇過前輩指導：「開會要做筆記。」

不過，五個人開會時，需要每個人都在自己的筆記本寫下相同內容嗎？開啟多工模式，同時發表意見和做筆記，絕對會降低專注力。

如果改用白板記錄重點，讓所有與會者都看得到，其他人就不用忙著做筆記，可以專注在討論上。

好處2：避免認知落差

參加會議時，難免因為腦中在想其他事情，剛好沒有聽到其他成員說的話，各位是否也有過這種經驗？如果你錯過的部分，正好是影響討論方向的重要發言，就會有明顯的認知落差。

若能將發言重點寫在白板上，就算剛好錯過其他人的發言，也能夠再確認文字，避免認知落差。

◉好處3：刺激發想

相信各位都有過想不出好點子，會議停滯不前卻無法結束的經驗。

若能將大家的重要意見寫在白板上，所有與會者都能看到上面的文字，有助於聯想「這個和那個結合在一起，應該會有不錯的效果」，「這點和那點好像有關連。」這麼做有助於想出新提案，這是「激烈的言語空戰」難以直接達到的成效。

◉好處4：易於做出結論

開會時用白板記錄重點，可以讓所有與會者知道現在正在討論什麼主題。

如此一來，**「論點分歧的意見」和「模糊不清的冗長發言」也會透過白板反映出來，可以減少論點紛雜的意見，有助於做出結論。**

◉好處5：方便回顧討論過程

不用記錄開會時發生的所有事情，**只要抬頭看看白板，就能知道做出結論的來龍去脈。**不僅如此，**還能再次確認開會期間決定的各種事項，充分發揮提醒的效果。**

　　開會時，善用白板記錄有很多好處，但許多人一想到要站在白板前邊說邊寫就開始退縮。如果遇到這樣的人，不妨告訴對方：「我可以幫你將發言重點寫在白板上，之後再拍照傳給你。」對方一定會感謝你的協助，也能夠自在地站在白板前說話。

　　此外，有些人對自己的畫圖能力感到懷疑，但一**般會議並不需要繪製美侖美奐的架構圖或圖表，即使只是潦草地寫下大家的意見也很有用。**

　　舉例來說，可以在白板上寫下以單字代表的類別，例如以「論」代表論點、以「意」代表意見、以「決」代表決定事項。也可以用紅筆在決議下方畫紅線，只要發揮一點創意，就很方便與會者回顧。

　　巧妙運用白板，可以避免「言語空戰」，提升團隊開會的生產力。

hack 34 總結

- ◎ 巧妙運用白板記錄會議重點，可以避免「無形的言語空戰」。
- ◎ 開會寫白板不需要精美的繪圖能力，只要寫下大家的重點意見就很有用。

hack 35

現場氣氛 → 決議方式

事 先 決 定 開 會 結 果 的 決 定 方 式

☹ 大家提出許多意見，卻不知道該如何做成結論。

☹ 大家提出許多構想，卻不知道該如何去蕪存菁。

一般會議的流程通常如下：

①**共享**：共享目標與議題

②**發想**：提出意見和構想

③**嚴選**：嚴選好的意見和構想並做出結論

④**展開**：將結論反映在下次活動

即使「共享」和「發想」這兩個階段都很順利，到了「嚴選」階段，還需要「選擇判斷」與「捨棄」的勇氣，若沒做好也會瞬間拖垮會議的生產力，這也是很常見的情況。

不少人有察言觀色的習慣，對於大家耐心提出的意見和構想，總是不願「篩選」或「捨棄」。**如果開會對於如何「篩選」或「捨棄」感到疑慮，不妨事先決定如何決議。**

一般來說，會議結論的決定方式常見以下三種：

開會效率

> **方法1**：多數決
> **方法2**：依照評斷標準決定
> **方法3**：由主管決定

● 方法1：多數決

筆者最常用的方法是將每個構想貼在牆壁或白板上，接著編上號碼，讓與會者在紙條或便利貼上寫下自己支持的構想編號，然後收回投票紙並計票。最多人支持的點子，就是最後的決案。

這個方法屬於不記名投票，沒有人知道誰支持哪個構想，這是最大的優點。與會者可以完全依照自己的意思投票，沒有任何顧慮。

此外，用便利貼投票的時間最多不過10分鐘，有些會議原定的時間不長，可以快速做出結論。

但這個做法也有缺點，**多數決最大的問題是：多數人會選擇「還可以且執行起來不難的構想」；反過來說，如果是「少數派狂熱支持且特立獨行的創意」，就很難受到青睞。**

●方法2：依照評斷標準決定

舉例來說，就是以「效果」、「實現難易度」、「成本」等標準評斷每個構想，每項標準都有分數，合計分數最高的構想就是最終結論。

這個方法有合理的評斷標準，與會者較容易接受結果。

但是，這個方法也有缺點，必須另外花時間討論該採用什麼樣的評斷標準；相對之下，多數決比較節省時間。

●方法3：由主管決定

很多時候，做最後裁決的責任在主管（領導者）身上，若從權責一致的觀點來看，最後還是交由主管決定比較合理。

若由主管決定，也可能採用「少數派狂熱支持且特立獨行的創意」。

綜合上述內容，每種決定方法都有優缺點。**筆者推薦「多數決」和「由主管決定」互相搭配；簡單來說，主管是在了解第一線意見的情況下做出決定，爭議較小。**

不過，「由主管決定」的方式，一不小心就很容易專斷獨行，部屬難免會抱怨開會討論毫無意義，導致主管的能力極限等於團隊的能力極限。

為了避免淪落至此，必須確實執行以下兩大步驟：

步驟1：主管必須理解現場多數決的結果、實質
內容和意見。

步驟2：要選擇「不難執行的構想」或「少數派
狂熱支持的創意」，最終由主管決定。

如果只靠現場多數決來決定事情，就不需要主管。當
現場人員無法評斷，主管要扛起責任做決定，這是主管的
工作。因此，最後由主管決斷，可說是合理的做法。

**hack
35 總結**

◎「事先決定決議方式」是開會做出決定最有效的
方式。

hack 36

結論 → 行動

做 出 結 論 後 ， 決 定 下 一 步 行 動

⊗ 結論模模糊糊，也沒有具體行動。

⊗ 雖然已經做出決定，但誰該負責什麼卻沒有交代清楚。

「好，今天的會議就開到這裡。」

主持人說完這句話就結束會議，但現場沒人知道誰該做什麼事，會議中做出的結論也遲遲沒有執行，各位是否有過這樣的經驗？

無論討論什麼議題，若做出的結論沒人執行，一點意義也沒有。**會議不是「開了就好」，「會後的行動」才是關鍵。**

如果你遇到太多「糊裡糊塗草率結束的會議」，建議養成在會議尾聲確認以下三點的習慣：

重點1：確認「下一步行動」

重點2：確認「責任分配」

重點3：確認「期限」

◉ 重點1：確認「下一步行動」

第一項要確認的重點是「今天開完會後，要做什麼事？」，也就是確認「下一步行動」。開會是執行業務整體過程的一部分，做出結論後，一定要實踐接下來的行動。

在會議快結束時舉手發言，問清楚接下來要做什麼，這個做法能讓所有與會者關注「下一步行動」。

◉ 重點2：確認「責任分配」

第二項要確認的重點是「責任分配」，也就是「誰該做什麼？」。

即使決定好「下一步行動」，若不釐清責任分配，就會陷入「你看我，我看你」的狀態，到頭來誰都沒做事。

在這種情況下，不妨提問：「誰最擅長這項工作呢？」，「有沒有什麼我能夠做的事情呢？」，讓與會者自然而然地分配工作。

◉ 重點3：確認「期限」

最後，要確認的是「期限」。即使確定「下一步行動」和「責任分配」，若不主動設定期限，很容易拖拖拉拉，事情永遠做不完。

　　不過，若是直接問：「截止日期是什麼時候？」，有時容易讓人感覺比較兇一點，不妨改以「請問什麼時候確認進度？」的問法，來得到自己想要的答案。

　　此外，若必須執行的工作長達好幾個月，確認第一個月要做到哪裡也很有用。

　　確定「下一步行動」、「責任分配」和「期限」之後，還要注意一件事：**分配工作時，不要只由一人負責。**除了被指定完成某項工作的人之外，其他人也要一起協助，在會議上提出這樣的請求，有助於凝聚團隊的向心力。

hack 36 總結

◎ 會議結束前，應確認「下一步行動」、「責任分配」和「期限」。

◎ 別只是讓分配到工作的人執行下一步行動，其他與會同事也要幫忙。

hack

第**6**章

提升**學習效率**

hack 37

與時俱進，學習必要的知識和技能

☹ 學了一大堆東西，卻好像沒有實際效益。

☹ 學的時候覺得受益良多，卻沒有好好發揮在工作上。

　　如果你也有上述煩惱，只要將學習意識的開關從「重視輸入（吸收）」切換到「重視產出（創造）」，就能瞬間提升學習的生產力。

　　任何工作存在的目的都是創造成果，因此不要認為「學習等於輸入」，應該抱持「學習等於產出」的觀念；輸入一定要有產出，學習一定要有貢獻。以下是三大關鍵：

> 關鍵1：將輸入的知識轉換成自己的話
>
> 關鍵2：找出具體範例
>
> 關鍵3：從產出得到反饋

❧ 關鍵 1：將輸入的知識轉換成自己的話

若只是按照書中內容理解知識，不過是「將別人傳遞的知識背下來」罷了。各位在學生時代一定都背過書，也都有背過就忘的經驗。

若能將輸入的知識以自己的語言理解，經過這個程序之後，就能連結「自己的經驗」和「自己所處的環境」，進一步消化吸收。比起硬背，這麼做更不容易忘記。此外，「別人傳遞的知識」容易給人「這是別人的經驗、與己無關」的感覺，若能以「自己解讀的語言」理解，相關知識和技能就會變成自己的，更容易以自己的話產出（hack 37圖表）。

接下來容筆者舉例說明，方便各位理解。

商業書經常出現「價值」這個詞彙，當你看到「價值」這兩個字時，是照著書中內容閱讀理解，還是替換成自己的文字理解呢？筆者通常會將「價值」轉換成自己的話理解，如下方所示。

價值＝提供給對方的「喜悅」程度

養成「以自己的話理解」的習慣，就能將「別人傳遞

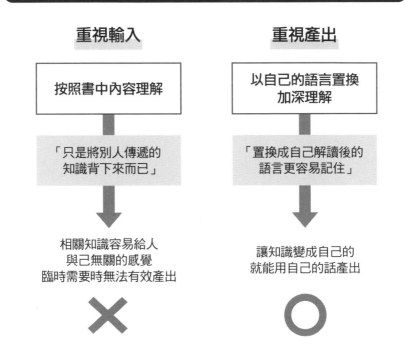

hack 37 圖表　以自己的話置換，加深理解知識和技能

重視輸入

> 按照書中內容理解

「只是將別人傳遞的知識背下來而已」

相關知識容易給人與己無關的感覺臨時需要時無法有效產出

✕

重視產出

> 以自己的語言置換加深理解

「置換成自己解讀後的語言更容易記住」

讓知識變成自己的就能用自己的話產出

○

的知識」昇華成「自己解讀後置換的語言」，加強記憶。此外，如果需要向他人說明時，用「自己的話」遠比用「借來的話」來得容易，也更有說服力。

◉ 關鍵2：找出具體範例

剛剛提到的「價值」，最常見的詞彙包括「商品價值」、「企業價值」和「價值創造」。若能像筆者以自己

的話理解「價值」，認為「價值是提供給對方的喜悅程度」，就能擴展應用範圍，進一步了解真義。

> **商品價值：**商品提供給顧客的喜悅程度
> **企業價值：**企業提供給利害關係人的喜悅程度
> **價值創造：**創造前所未有的嶄新喜悅

換句話說，就是在一次的學習經驗中，擴大可用自己的語言產出的範圍，進而大幅提升學習的生產力。

● 關鍵3：從產出得到反饋

產出需要將自己的想法化為有形的表現方式，無論你喜歡與否，都會受到周遭評價。由於產出也有失敗的可能，只重視輸入的人往往容易退卻。但是，工作職場不是學習場所，而是創造成果的地方。

平時喜歡閱讀商業書、參加商業讀書會或考取證照等偏向重視輸入的人，若沒有100％輸入，比較不會先主動嘗試產出，行為通常側重輸入。

輸入不怕失敗，還能夠產生幹勁，因此熱中學習的人很喜歡輸入的過程。但如果無法將學到的知識和技能用於產出、創造成果，學習的生產力就相當低。

　　產出有很多種形式，在會議上發言、提案或開讀書會等，也都能創造成果。**產出通常需要向其他人表達想法，很容易獲得周遭的反饋，有助於察覺自己所欠缺的知識和技能。這樣就能針對自己欠缺的加以補強（輸入），有效提升學習的生產力。**

hack 37 總結

◎ 將輸入轉換為產出，可以有效提升學習的生產力。

◎ 以自己的語言置換吸收到的知識，比較容易產出、創造成果。

◎ 以自己的語言置換吸收到的知識，就能擴展應用範圍。

hack 38

消費性閱讀行為 → 投資性閱讀行為

有 效 活 用 閱 讀 ， 創 造 獨 特 見 解

☹ 不知道該讀什麼書。

☹ 讀了書，也無法有效運用書中知識。

很多人認為讀書是為了「蒐集資訊、累積知識」，要小心的是，基於這種想法讀書，很可能屬於生產力較低的「消費性閱讀行為」。

商業書刊中的「資訊」在出版時屬於「公開資訊」，只要是有用的資訊就會口耳相傳，成為「眾所周知」的情報。說得直白一點，就是花錢買大家都知道的情報，買書的錢變成消費行為的代價。

「為了獲得知識而讀書」，也是同樣的道理。「知識」是前人創造的「智慧」，知識的有用性當然無庸置疑，但「知識」對你來說，不過是「向前人借來的智慧」罷了。

商業界有一句話：「不要成為典範的奴隸，要成為典範的創造者。」筆者必須遺憾地說，若是為了獲得知識而讀書，代表從中學到的知識，都在前人創造的典範裡。換

句話說，為了獲得知識而讀書，不可能讓你開創獨特的見解，因此屬於生產力較低的「消費性閱讀行為」。

筆者要推薦大家從事的是**「投資性閱讀行為」：讀書的目的不只是「蒐集資訊、累積知識」，還要擴展為「靈活思考，創造獨特見解」。**

隨著時間流逝，很多資訊和知識會變成眾所周知的常識，但**「獨特見解」是專屬於己的觀點，未來也可以一直運用、發揮效益**，像這樣靈活閱讀，我稱為「投資性閱讀行為」（hack 38圖表）。

那麼，想透過「投資性閱讀行為」擁有自己的獨特見解，應該掌握哪些重點？

> **重點1：**擇定範圍多讀幾本
> **重點2：**抱持懷疑的態度閱讀

● 重點1：擇定範圍多讀幾本

讀書時，可以擇定特定領域的書籍多讀幾本。

相同領域的書籍，即使是不同作者的作品，也能發現「共通主張」。如果是不同作者都提及的「共通主張」，代表隱藏著「該領域絕對不可或缺的重要本質」。**各位可藉**

hack 38圖表　從「消費性閱讀行為」變成「投資性閱讀行為」

消費性閱讀行為	投資性閱讀行為
為了獲得知識而讀書	為了靈活思考、創造獨特見解而讀書

- 知識是過去的結晶
- 知識是向前人借來的智慧

- 見解可運用於未來
- 見解是自己獨創的

好不容易學到的知識，
隨著時間過去變得陳舊

經過獨立思考創造的觀點，
未來也可運用、發揮效益

此了解重要本質，深入發展出獨特想法。

　　不用擔心重複閱讀會浪費時間，即使是相同領域的書籍，只要作者不同，就會出現不一樣的主張。

　　這樣的「相異之處」，來自每位作者的觀點差異，因此就算只讀固定領域的書，也會發現不同的觀點，幫助你擴展自己的想法。

● 重點2：抱持懷疑的態度閱讀

盡信書，不如無書。若是完全接受書裡的內容，只會讓閱讀變成「蒐集資訊」和「累積知識」。若是能夠獨立思考，質疑書中的內容，例如：

> 「這真的是對的嗎？」
>
> 「難道沒有其他方法？」
>
> 「若是如此，還能有哪些想法呢？」

像這樣抱持懷疑的態度一邊閱讀一邊思考，就能開創出自己獨特的見解。**慢慢地，你就能從「尋找正確答案的人」變成「創造正確答案的人」，這就是「投資性閱讀行為」的成果。**

hack 38 總結

◎「投資性閱讀行為」能幫助你擁有自己獨特的見解。

◎ 若能做到「擇定範圍多讀幾本」和「抱持懷疑的態度閱讀」，慢慢地，你就能從「尋找正確答案的人」變成「創造正確答案的人」。

學習看穿事物本質

⊗ 對事物的看法總是有所偏頗、不夠宏觀。
⊗ 想要看穿事物的因果關係。

　　請各位先回答以下問題：

| 「在你手機螢幕上的四個角落，分別是哪個應用
| 程式？」

　　根據某項調查，每個人一天解鎖手機螢幕的次數平均為23次。相信你每天都會打開手機螢幕，但你答對剛剛的問題了嗎？

　　一般人對於理所當然的事物往往不上心，也很容易忽略這類事物。尤其是面對以下三種「理所當然」的情況時，你的注意力一定會降低，觀察力也受到影響。

| ● 經驗和習慣導致的「理所當然」

- 常識和刻板印象導致的「理所當然」
- 權威和社會認同導致的「理所當然」

　　每個人都透過「自我認知的濾鏡」看世界（hack 39 圖表1），通常只在自己察覺得到的範圍內思考、判斷與行動。相信各位應該都能同意，塑造自我認知的觀察力，是建構自我世界極為重要的能力。

　　但是，只具備觀察力的話，對我們的好處唯有「察覺有形的事物」。**如果能夠培養比「觀察力」更高一層的「洞察力」，就能讓自己的學習更具生產力。所謂的「洞察力」，指的就是「以有形事物為線索，看穿背後無形本質的能力。」**

　　每每遇到迅速建立犀利假設或精準預言未來的人，我們往往很佩服對方竟然看得如此精準。像這樣的眼光和判斷力就是「洞察力」，眼光好的人都擁有看穿事物本質的深度洞察力。

　　話說回來，怎麼做才能培養超越觀察力的洞察力呢？

步驟1：鍛鍊觀察力

步驟2：思考原因

步驟3：思考結果

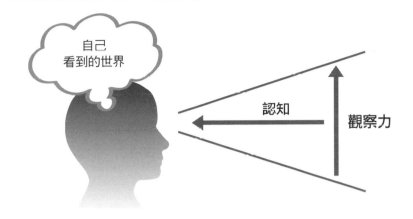

hack 39 圖表 1　**觀察力建構出「自己看到的世界」**

自己
看到的世界

認知

觀察力

❧ 步驟 1：鍛鍊觀察力

能否有效發揮觀察力而有所獲益，可使學到的東西差了幾倍，甚至幾十倍。

培養觀察力時，應注意事物的「變化」與「差異」。 比起只關注瞬間，掌握時間軸的變化，更容易令人獲得更多啟發。

❧ 步驟 2：思考原因

透過觀察察覺到事物的「變化」與「差異」後，接著要問自己：「為什麼會產生變化？」、「為什麼會有差異？」，積極思考背後的原因。

多問「為什麼？」，可以將自己從「有形的觀察世界」帶入「無形的洞察世界」，讓我們有機會看穿理由與背景等「看不見的本質」。

● 步驟3：思考結果

「探究結果」就是「了解事物的實際狀態」。總的來說，問自己「為什麼？」之後，再問自己「結果如何？」，有助於思考「有形觀察世界的背後，隱藏著什麼背景？」，可以深化對於背景的洞察力（hack 39圖表2）。

深入思考時，請各位一定要注意因果關係。所有事物都是由「物」與「關係」構成的，「物」是可以看得見的，可以透過觀察了解；「關係」是看不見的，只能靠洞察掌握。

「因果關係」就是「原因改變導致結果改變」的關係。如果可以透過洞察看穿無形的因果關係，就能影響原因，改變事物（工作成效）的發展結果。

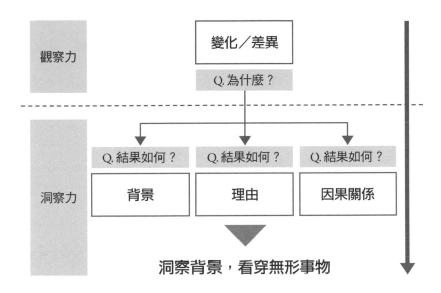

hack 39圖表2　**反覆問自己「為什麼？」與「結果如何？」**

觀察力　變化／差異　Q.為什麼？

洞察力　Q.結果如何？　背景　Q.結果如何？　理由　Q.結果如何？　因果關係

洞察背景，看穿無形事物

hack 39 總結

◎ 是否妥善發揮觀察力，可以影響你的學習成效
高達數十倍。

◎ 看不見的「關係」，只能靠洞察力掌握。

◎ 有效培養洞察力，看穿因果關係，就能改變事物
（工作成效）的發展結果。

hack 40 情報量 → 思考力

鍛 鍊 別 人 無 法 輕 易 模 仿 的 特 有 競 爭 力

☹ 資訊量太大了，來不及蒐集和研究。

☹ 只能追隨現有創意。

　　現在大家煩惱的不是資訊不足，而是資訊更新的速度太快，光是追上腳步就令人精疲力盡，你是否也有同感呢？

　　請各位務必理解與其「靠資訊量奮戰」，不如「靠思考力奮戰」的重要性。

　　資訊包括文字和數據等「有形」情報，這些有形情報很容易取得和模仿，也很容易傳播至世界各地，無法形成獨特的競爭力。另一方面，思考力是「無形的」，很難輕易模仿，而且只要好好磨練，就能成為你的獨特競爭力。

　　現在任何人都能在短時間內獲取資訊，而且同樣的情報，其他人也能很快就取得，因此只能算是每個人都能迅速仿效的競爭力。相反地，「思考力」就像重訓，一定要花時間和心力才能練好。簡單來說，**只要培養出一流的思考力，在很長一段時間內別人都無法輕易模仿，就是你獨**

有的競爭力。

　人都是在自己「想得到」的範圍內，決定自己「做得到」的範圍。「工作規劃」、「溝通」、「資料製作」與「開會」等，也都是這樣。想要提升工作品質和生產力，就必須好好磨練最重要的「思考力」（hack 40 圖表 1 ）。

學習效率

---

hack 40 圖表 1　靠「思考力」奮戰，而非「情報量」

靠情報量奮戰	靠思考力奮戰
「資訊」是有形的	「思考力」是無形的
● 很多資訊可以輕鬆取得 ● 重要情報可被輕易複製 ● 愈有用的資訊愈容易普及	● 思考力需要花時間磨練 ● 思考力無法輕易模仿 ● 思考力可以成為獨特利器
情報量無法成為 自己特有的競爭力	思考力可以成為 自己特有的競爭力

商業世界需要的思考力，大致可以分成以下四大類：

①**邏輯思考**：對事物建立邏輯脈絡的思考力

②**批判性思考**：對事物抱持適切質疑的思考力

③**概念式思考**：將事物從整體分離出來，用不同
　概念思考的能力

④**類比思考**：將事物套用在其他領域思考的能力

①邏輯思考：對事物建立邏輯脈絡的思考力

「邏輯思考」指的是系統性統整事物，建立脈絡，去除矛盾的思考方式（hack 40 圖表2）。

hack 40圖表2　何謂「邏輯思考」？

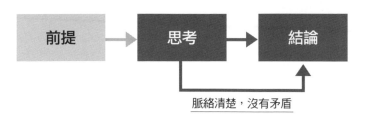

「邏輯思考」指的是
「脈絡清楚且沒有矛盾的思考方式。」

用最小力氣，做出最大成果　無駄な仕事が全部消える超効率ハック

只要養成邏輯思考的能力，即可學會「系統化事物的能力」與「洞察事物因果關係的能力」，還能提升以下能力：

溝通力：系統性理解對方的主張，系統性說明自我主張的能力。

規劃力：將整體拆解成一個個細項，並且順利推動的執行能力。

分析力：將整體分解成構成要素，看穿每項要素的特性與關係的能力。

提案力：釐清結論與根據的因果關係，進行提案的能力。

問題解決力：鎖定引發問題的原因，思考解決對策的能力。

②批判性思考：對事物抱持適切質疑的思考力

「批判性思考」指的是不囫圇吞棗，仔細推敲事物、抱持適切質疑的思考方式（hack 40圖表3）。

只要養成批判性思考的能力，即可學會「質疑前提的能力」與「質疑觀點的能力」，還能提升以下能力：

hack 40圖表3　何謂「批判性思考」？

前提　→　思考　→　結論

質疑前提的思考力

「批判性思考」指的是
「不囫圇吞棗，適切質疑的思考方式。」

創造力：質疑理所當然的道理與常識，找出其他
可能性的能力。

問題解決力：從不同的觀點看待問題，發現解決
線索的能力。

③概念式思考：將事物從整體分離出來，用不同概念思考的能力

「概念式思考」指的是將事物從整體分離出來，用不同概念重新掌握的思考方式（hack 40圖表4）。

舉例來說，「水」是一個實體，若以「無形概念」重新解讀，就能形成「可以喝」、「可以滅火」、「可以洗東西」、「可以煮食」、「可以洗澡」、「可以浸泡」等多個概念。

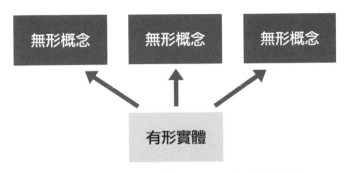

hack 40 圖表 4　何謂「概念式思考」？

無形概念　無形概念　無形概念

有形實體

「概念式思考」指的是「將事物從實體分離出來，
用不同概念重新掌握的思考方式。」

　　只要養成概念式思考的能力，即可學會「不受限框架的發想力」與「自由重塑概念的解讀力」，還能提升以下能力：

　　概念力：組合實體與概念，創造新思維的能力。

④類比思考：將事物套用在其他領域思考的能力

　　「類比思考」指的是將事物套用在其他領域的思考方式（hack 40 圖表 5）。最典型的常見例子就是，將某業界成功要因套用在完全不同的業界思考。

用最小力氣，做出最大成果　無駄な仕事が全部消える超効率ハック

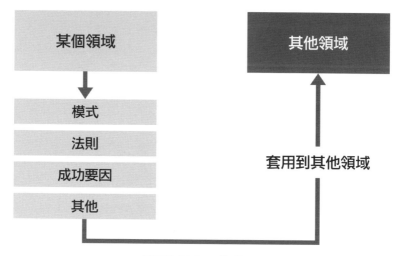

hack 40 圖表 5　何謂「類比思考」？

某個領域

模式

法則

成功要因

其他

其他領域

套用到其他領域

「類比思考」指的是
「將事物套用到其他領域的思考方式。」

　　只要養成類比思考的能力，即可將自己的所學所知應用在各種領域深入思考，還能提升以下能力：

　　假設力：將某個領域的模式，套用在其他領域、
　　　導出假設的能力。

　　說明力：以淺顯易懂的事物比喻其他事物的說明
　　　能力。

就像本篇一開始說的，「思考力」是一種需要時間培養，但只要學會，別人就很難模仿，應用範圍也很廣泛的能力。若想擺脫「只能被滿滿的資訊追著跑的負面循環」，成為開創獨特智慧見解的人才，請務必養成習慣鍛鍊思考力。

hack 40 總結

◎ 如果只能靠「情報量」奮戰，學習和產出的過程很容易就會陷入負面循環。

◎ 培養一流的「思考力」，即擁有別人很難模仿，應用範圍也很廣泛的能力。

學習效率

透 過 行 動 增 加 經 驗 值

☹ 頭腦雖然清楚,卻沒有行動的勇氣。

☹ 機會就在眼前,卻沒有信心投入。

　　學習知識卻無法真正實踐的行為,讓學習成為「知識墳墓」。為了擺脫這種情況,請各位一定要理解「經驗」的重要性。

　　只要有錢,就能透過書籍和講座買到知識,但錢無法直接買到經驗。此外,我們隨時隨地都能學到知識,如今科技發達,上網搜尋大概都能找到自己想學的知識,但經驗只在當下實踐體驗才能擁有。

　　不僅如此,即使比別人早獲得知識,之後別人還是可以用錢買到,而且愈有用的知識愈容易複製。但是,錢無法直接買到經驗,只能在那個時間點花時間得到。這可以是你和別人不同的差異化主因(hack 41圖表),也可以是別人無法輕易模仿你的特質。

　　經驗比知識還珍貴。個人的獨特見解除了源自經驗之

外，行動要領和細微差異也是構成個人獨特見解的重要元素。

　　經驗與知識不同，經驗需要付諸行動的勇氣。若想促使自己行動，請務必掌握以下兩點：

> **重點1：**站上打擊區
>
> **重點2：**想像「致命的失敗」是什麼

hack 41圖表「經驗」與「知識」的差異

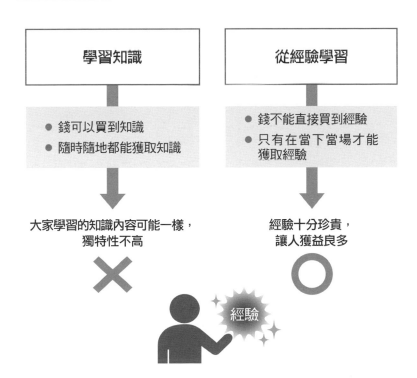

學習知識	從經驗學習
● 錢可以買到知識 ● 隨時隨地都能獲取知識	● 錢不能直接買到經驗 ● 只有在當下當場才能獲取經驗
大家學習的知識內容可能一樣，獨特性不高	經驗十分珍貴，讓人獲益良多
✕	○

經驗

● 重點1：站上打擊區

經驗讓我們得到光靠學習知識絕對無法獲得的寶貴收穫與精神上的成長。為此，你必須「站上打擊區」，**站上打擊區的次數愈多，就能累積愈多「擊出安打的要領」，這是你最大的資產。**

只要掌握「擊出安打的要領」，你就愈能擁有自信，積極面對下一次的挑戰與冒險，贏得全新機會，創造經驗。

● 重點2：想像「致命的失敗」是什麼

舉例來說，公司將「大案子」交給你，你可能遇到「最致命的失敗」是「計畫胎死腹中」，但公司不會因此倒閉，也沒有人會因此致命。再說，會胎死腹中的計畫，本來就沒有機會成立或受到公司認可。

當我們真正去做某件事的時候，若內心害怕失敗，不安的情緒就會像怪獸時不時侵襲自己。然而，只要具體想過「致命的失敗是什麼？」，就會發現一般常識想得到的失敗，都不會比公司倒閉更致命、影響更大。

此外，若能事先想像可能遭遇到的致命失敗，執行計畫前就能謹慎控管風險，避免致命傷的發生。

hack 41 總結

◎ 經驗比知識還珍貴。個人的獨特見解除了源自
　經驗之外，行動要領和細微差異也是構成個人
　獨特見解的重要元素。

◎ 累積經驗可以促進精神上的成長，建立自信。

◎ 事先想像「致命的失敗」，就能消除行動帶來的
　無謂不安，也能事先控管風險。

hack 42 找出答案的方法

答案 →

向一流人才偷學找出答案的思考方式

☹ 總是找不到解決問題的方法。

　　有句中國古諺說：「授人以魚，不如授人以漁」，意思就是：「與其送魚給別人，只能吃一天，不如教他如何捕魚，可以吃上一輩子。」同樣的道理，也能套用在學習上。

　　遇到質疑或問題時，一般總是急著找出「答案」。**不過，當你學到「答案」，卻沒有學會「找出答案的方法」，不理解如何看待或思考事物才能找出好答案，這樣也是沒用的。真正明白這一點，才是終身受益。**

　　如果你想學的不只是「答案的內容」，而是「找出答案的方法」，請務必了解你身邊優秀的人「如何運用他們的大腦」，將他們的技巧轉化為你自己的訣竅，這才是生產力較高的方法。換句話說，就是要解讀優秀人才如何條理分明地運用大腦，內建成你自己腦中的作業系統。

向優秀人才學習時，請特別留意以下五大重點（hack 42圖表）：

重點1：視野廣度

重點2：立場高度

重點3：觀點角度

重點4：時間軸

重點5：思考過程

🌑 重點1：視野廣度

你身邊的一流人才和你之間的「視野廣度」可能存在差異。

注意到「視野廣度的差異」，傾聽優秀人才說的話，就能獲得從未看過的新視野，擴展思考範圍。

🌑 重點2：立場高度

你身邊的優秀人才，都是站在什麼立場討論事情的呢？是經營者的立場？第一線工作人員的立場？還是社會上的廣泛立場？或是市場競爭的立場？

我們經常聽到「宏觀」、「微觀」，即使是同一件事

hack 42 圖表　學習優秀人才運用大腦的方法

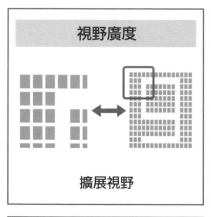

視野廣度

擴展視野

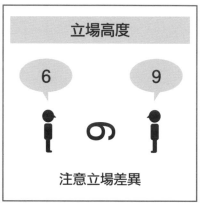

立場高度

注意立場差異

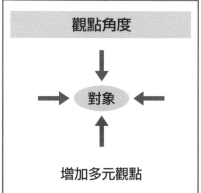

觀點角度

增加多元觀點

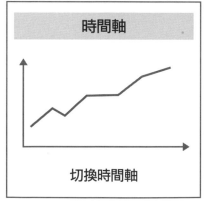

時間軸

切換時間軸

思考過程

理解思考過程

物，有時也會因為立場高度不同而影響結論。特別留意優秀人才與自己不同的立場，有助於學會「找出答案的方法」。

● 重點3：觀點角度

同樣地，討論「戰略」時也會因為觀點不同，例如：經營者觀點、生意人觀點、顧問觀點、創作者觀點等，有很大的差異。無論是多麼抽象的概念，只要觀點夠多就會有輪廓。多元的觀點也能使大腦變得更加靈活，學會不受框架限制的思考方式。

特別留意各種優秀人才的不同觀點，有助於學會「找出答案的方法」。

● 重點4：時間軸

任何事物都有「過去」、「現在」和「未來」，有些事物會隨著時間流逝而改變，有些則不會。你身邊的優秀人才討論的事情，是隨著時間過去也不會改變的「本質」嗎？還是跟著時下潮流興起的「風潮」？或是顯現結構變化的「徵兆」？

若能意識到「時間軸」，學習優秀人才的思考方式，便能察覺「長期觀點」與「短期觀點」，或是兩者的連結或消失，培養出展望未來的思考能力。

● 重點5：思考過程

你身邊的優秀人才依循什麼樣的思考過程，探索事物的本質呢？重點不是完全接受對方想出的答案，而是跟著他的足跡，了解對方看出本質的思考方法。

任何結論都有從頭開始摸索的過程，若能洞察整個過程，充分思考，化為自己的見解，就能在自己腦中的作業系統，內建優秀人才運用頭腦的方法。

hack 42 總結

◎ 學會「找出答案的方法」，將會終身受益。

◎ 用心留意並學習優秀人才的思考方法，就能學會「找出答案的方法」。

hack 43 現象 → 法則

從 看 得 見 的 現 象 解 讀 法 則

☹ 跟不上流行的腳步。

☹ 從社會上發生的現象和事情,無法學到新觀點。

　　活躍在商業界的人,都想從外界的各種現象來學習,幫助自己成長。

　　隨著網路和社群媒體愈來愈進步,每年發生各種現象的變化速度也愈來愈快。就算想要好好觀察每一種現象,如果變化速度超過從現象學習的速度太多、很難追上,個人的相關成長速度也會遭遇到瓶頸。

　　建議各位不要一味盲目跟隨、用心於已經落伍的「現象」,而是要關注超越時代且可以一直重複應用的「法則」。所謂的「法則」,是可使事物順利推展的「經驗法則」。

> ●「觀點角度」是其中一種經驗法則,例如:「遇到某某情況時,只要秉持某某看法,就容易找出解決對策。」

- 正確的「因果關係」也是一種經驗法則，例如：「只要有 A，就很容易變成 B。」

☙ 找出隱藏的真正目的

假設身材圓滾滾的 A 先生找你討論有關減肥的事情，他問你：「我想減肥，該怎麼做才好？」你可能會提出以下兩項建議：

- 限制飲食，減少熱量攝取
- 規律運動，增加熱量消耗

你提出的這兩項建議，是有效減肥的唯二良方，可是 A 先生不接受，你反而不知道該怎麼辦了。

於是，你開始懷疑 A 先生是否真心想要減肥，問對方：「說真的，你想要怎麼做呢？」

A 先生回答：「我想要受到女性歡迎。」

所以，A 先生真正的目的不是「瘦下來」，而是「受到女性歡迎」。

當你理解 A 先生真正的目的之後，你可能會提出跟剛剛截然不同的建議，例如：「我聽說有一些聯誼活動找的

都是喜歡圓潤體型的成員，你要不要報名看看？」。

　　新的方法不需要「限制飲食」和「規律運動」，不需要花費許多勞力，也能滿足 A 先生的真正目的，相信他應該可以欣然接受。

● 從經驗創造法則

　　把「減肥」這項要素抽離剛剛的範例，可以發現兩大「法則」：

> ①**觀點角度：**若能適切質疑事物（**觀點**），就能洞察背後的真正目的。
> ②**因果關係：**留心察覺真正的目的（原因），找出與過去截然不同的解決方案（結果）。

　　也就是說，就算只是「別人找你討論減肥」這種尋常經驗，只要好好加以思索，也能發現自己特有的「法則」。若能從各種經驗發現「法則」，就能將「法則」運用到其他領域，加快自己的成長速度。

● 聞一知十

　　這個世界上有些人的學習速度很快，屬於聞一知十的

類型。這樣的人習慣從細微瑣事中發現「法則」，運用在各種領域。

　　他們可能會說：「我從玩樂中獲得了工作靈感」，「我在玩的時候，想到了新的業務點子。」他們將從玩樂中發現的法則，運用在完全不同的工作領域。

　　很多經營者喜歡閱讀「日本戰國武將的書籍」或「球隊總教練的自傳」，也是想從不同領域發現法則，運用在公司的營運上。

　　能夠持續成長的人，習慣從所有事物發現「法則」，並且應用到不同的領域和現象。他們最大的特色是：從一項經驗中得到的學習量，是其他人的好幾倍。

　　此外，他們也會將其他業界的成功範例「法則化」，應用在自家公司，廣泛的發想範圍也是特色之一。透過腦力激盪想出新創意，將過去發生的事和其他業界的範例等各種情形，套用在自家公司裡。

　　如果只是一味追隨世界上發生的現象，就只會被「看得見的事物」牽著走。**若能從看得見的現象背景發現「法則」，就能將「法則」套用在不同現象裡，預測未來、建立假設，自信地推動事物**（hack 43圖表）。

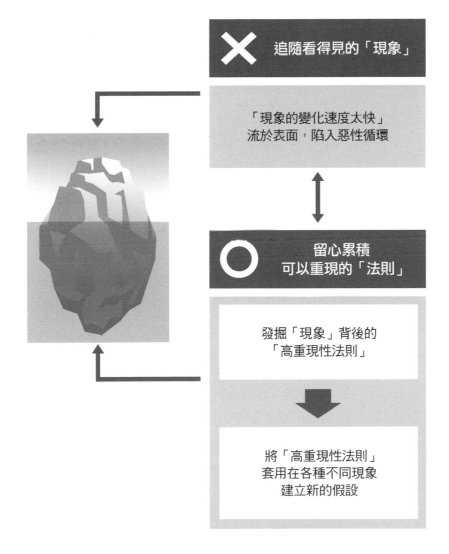

hack
43 總結

◎ 一味盲目追隨「現象」，會使你的成長遭遇瓶頸。

◎ 用心發掘、累積「法則」並加以運用，就能持續
　建立新的假設。

hack 44 單迴路 → 雙迴路

跳 脫 框 架 ， 創 造 新 商 業 與 價 值

☹ 想要挑戰新事物，卻不知道該怎麼做。

☹ 不想做例行性事務，想要進階從事具有創造性的工作。

「我能夠把工作完成，但比起優秀人才，總覺得自己有所不足。」各位是否有過這樣的感受？

大多數工作者按部就班執行主管交辦的工作時，都是將「不了解」變成「了解」，將「不會」變成「會」。一旦所有工作都做過一遍後，最後做的便是「例行公事」，時間一久很容易覺得看不到未來的成長性。

一般而言，工作者通常依循著以下階段逐步成長：

階段1：接到主管和前輩明確的指示，負責完成「部分」工作。

階段2：了解一連串的工作順序和流程，負責完成「所有」工作。

階段3：從幾個方法中選擇最好的付諸行動，可以扛起責任。

> **階段4：**從過去的方法中找到問題，添加巧思或加以改善。
>
> **階段5：**為了創造新價值，針對前例或常識加以改革與創造。

對很多工作者來說，最容易遇到撞牆期的是在「階段4」與「階段5」之間。這是因為在階段4之前，只要在「既有的框架內」思考即可，但是到了階段5就必須「跳脫既有框架」思考，再採取行動。如果你現在剛好正在階段4與階段5之間掙扎，請務必明白以下兩大思考方式：

> **思考方式1：**單迴路學習
> **思考方式2：**雙迴路學習

● 思考方式1：單迴路學習

「單迴路學習」指的是著眼於「既有的框架內部」改善工作進展的學習方法。

以人事部錄用新員工為例來說明。假設去年投履歷應徵工作的有100人，來面試的有50人，錄取人數為10人。

今年擴大了在人力網站或利用文宣公布職缺訊息，使

得應徵人數增加到110人，面試者增加到55人，錄取員工人數增加到11人。像這樣，從過去的做法中獲得見解，在既有框架中實施改善方案，就是「單迴路學習」（hack 44圖表）。

在此情況下，**原本存在於既有框架內部的問題也將一一解決，但「單迴路學習」的效果遲早會遇到瓶頸，是其弱點所在。**

以剛剛舉的人事部招聘為例，錄取人數從去年的10人增加到11人。如果在相同預算和做法下，錄取人數想

hack 44圖表 **「單迴路學習」與「雙迴路學習」**

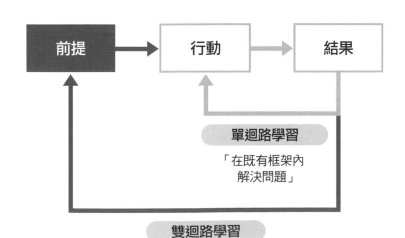

要倍增到20人，應徵人數也許就要增加兩倍，也就是200人，這在執行上或許有難度。

● 思考方式2：雙迴路學習

另一方面，「雙迴路學習」指的是將自己置於既有框架「外」，從客觀角度掌握整體，重複提問「能否改變既有框架？」的思考方式。

「雙迴路學習」能夠幫助你找出與過去截然不同的解決方法。

- 預計錄取人數20名，是否都要應屆畢業生？畢業後在第一份工作做了幾年，現在想要轉職的年輕人可不可以？
- 應屆畢業生的應徵人數，是否真的需要200人？是否可以直接鎖定20名優秀學生，邀請他們畢業後進入公司工作？

在既有框架內腳踏實地地持續改善是一件很棒的事情，但是若能重新檢視框架，有助於大幅提升生產力。

從「單迴路學習」努力突破至實踐「雙迴路學習」，可以有效讓階段4的人才提升至階段5。此時，請注意這四大重點：

> **重點1：**不要完全接受受制於既有框架
> **重點2：**秉持超乎期待的心態思維
> **重點3：**注重行動勝於結果
> **重點4：**樂於挑戰新事物

重點1：不要完全接受受制於既有框架

商業世界其實沒有「正確答案」，經商必須面對未來採取行動，現存的既有框架不是絕對的正確答案，經常只能不斷地摸索、嘗試錯誤。階段5的人通常明白這個道理，知道既有框架不過是「可能性」之一罷了。

重點2：秉持超乎期待的心態思維

階段5的人想的往往不會只有達成目標。他們的思維方式很特別，懂得改變別人設下的框架或前提，進而超越別人的期待，創造出更大的成果。

重點3：注重行動勝於結果

大多數的人在面對問題時，腦裡想到的是「自己能不能解決？」、「無法解決時該怎麼辦？」。

階段5的人不會專注在「做不做得到」這類無法直接掌控的「結果」，而會以「做得到的事情為前提」，聚焦於可以自主掌控的「行動」。

這麼做，可以創造前所未有的價值和解決對策，有助於做出超乎主管和顧客期待的成果。

重點4：樂於挑戰新事物

「以做得到的事情為前提」來考量，階段5的人不只不害怕失敗，他們的思維方式讓他們刻意挑戰艱難的工作；重要的是，他們往往很享受艱困的處境。

階段5的人不認為「成功的相反是失敗」，他們認為自己正在沒有正確答案的世界中開拓，成功就在無數失敗延伸出來的道路上。

hack 44 總結

◎ 採取「雙迴路學習」，可以找出與過去截然不同的解決方法。

◎ 採取「雙迴路學習」，就能從「階段4」提升成「階段5」的人才。

hack

第 7 章

提升
思考的生產力

hack 45

只看數字 → 理解目的

掌握數字背後的目的，做出新選擇

☹ 達不到目標和業績。

☹ 老是追著數字跑，或是被數字追著跑。

　　「每天都被數字追著跑！」，職場上有這種感覺的人好像愈來愈多了。

　　如今數位化加速進行，所有行動都能即時數位化。這樣雖然有利於管理，縮短PDCA循環式品質管理，但也有不良的副作用，很容易陷入負面循環中。

　　身處於滿滿數據的環境中，「原本應該掌控、管理數字，卻一直受到數字的擺布」，當你陷入這樣的狀況，就需要再次確認「目的」，釐清自己為什麼需要追著數字跑。

　　「數字」是看得見的，「目的」是看不見的，所以人很容易被有形的「數字」牽著走。然而，**數字只是邁向目的的「達成水準」，目的的存在讓數字產生意義。**

　　釐清工作的目的，有什麼好處？

> **好處1**：目的讓工作充滿意義
>
> **好處2**：遭遇瓶頸時，理解目的就有別的選擇

● 好處1：目的讓工作充滿意義

《伊索寓言》有一則很有名的故事叫做〈三個工匠〉，描述一位旅人遇見三名磚匠砌磚的故事。

委託磚匠「每天砌一百塊紅磚（數字）」，如果他不清楚「每天砌一百塊紅磚的理由（目的）」，砌磚時將無法充滿幹勁積極工作。

如果先說明砌磚的「目的」是要蓋一座大教堂，將會拯救許多陷入困境的人，再拜託磚匠「每天砌一百塊紅磚（數字）」，磚匠接受委託的心態就會改變。「砌一百塊紅磚」本身是一項單調無趣的工作，但以「建造大教堂」為目的，就能讓原本無聊的砌磚作業變成「有意義的工作」。

今後隨著遠距工作愈發盛行，單人作業的工作型態將會愈來愈普遍，釐清工作目的將會變得愈來愈重要。原因很簡單，沒有目的的數字作業，就像故事中旅人遇到的第一位磚匠一樣，很容易就覺得工作單調、失去幹勁，把工作做成「追著數字跑的單調作業」。

　　如果你也一直感覺自己追著數字跑或被數字追著跑，請釐清「這些數字的目的是為了什麼？」，將自己要興建的「大教堂」放在心中（hack 45圖表）。

● 好處2：遭遇瓶頸時，理解目的就有別的選擇

　　假設你是某項業務的負責人，主管要你每天打電話約新客戶的件數從100件提高到200件，你一定會覺得相當苦

hack 45圖表　重視「目的」勝於「數字」

數字	目的
● 被數字擺布，看不見背後真正的意義 ● 方法的選項變少	● 賦予數字「意義」和「目的」 ● 因為了解目的，可以一直找出其他選項
↓	↓
受限於數字， 想法和方法僵化	為數字賦予意義， 擴展可用的方法選項
✕	◯

惱。這代表你必須每天一大早出門上班，可能到深夜還在打電話，陷入強迫勞動地獄才可能完成主管交辦的工作。

此時，不妨先略過「一天打200通電話」這個數字，聚焦於數字背後的「目的」。在這個例子中，真正的目的是「提高營業額」，因此不一定要「一天打200通電話」才能達到目的。

不瞞各位，剛剛舉的例子是筆者剛出社會第一年的真實遭遇。

筆者當時認為「一天打200通電話是不可能的事情」，因此做了一份企劃書，寄給200位客戶。筆者採取的是寄送廣告郵件的因應方式，郵件寄出後，只要等客戶打電話來即可。筆者的業務量因此驟減，但營業額比起之前打電話推銷暴增許多。筆者還記得，當時的主管對本人的業績十分滿意。

只是接收字面意思，「一天打200通電話」，只重視追求表面數字，會讓方法選項變少。若是打電話都行得通，那還不會有太大問題。一旦遭遇瓶頸、執行不力，很可能只會落得更加激烈執行沒有成效的方法。

若能穿透表面，聚焦於「數字背後的目的」，就能「找到其他選項」，擺脫「受制於數字」和「被數字牽著走」的狀態。

hack 45 總結

◎「目的」讓工作變得有意義。

◎ 遭遇瓶頸時，「理解目的」讓你能夠一直想出別
　 的方法。

hack 46 增加量 → 提升質

減 量 增 質 ， 停 止 無 效 努 力

☹ 工作量太大了，怎麼都做不完。

☹ 沒辦法加班，分內工作卻太多。

「該做的資料太多，心情很鬱悶。」

「光是開會，一天就過了！」

這樣的日子一天過一天，工作愈積愈多，每天腦袋裡想的都是「不做不行了的工作」，相信很多人都有這樣的煩惱。

工作愈認真的人認為半途而廢對不起自己的職責，因此每項工作都會費盡心力做到完美。但是，這樣的想法會在不知不覺間產生以下的惡性循環：

①認真執行所有工作，想要做到完美。

②希望周遭認可自己的努力。

③獲得周遭肯定，感到十分開心。

④一開心就更加努力，於是付出更多心力工作。

⑤導致加班和假日出勤的頻率愈來愈高……。

遺憾的是，「拚命付出＝工作量」的想法，總有一天會遇到瓶頸。原因很簡單，有這種想法的人會努力攬下所有工作，想讓其他人認可自己的努力，但這樣做很容易過度付出、心力耗竭。

各位要聰明工作，不能信奉「拚命付出＝工作量」，而是要讓努力付出的「結果」展現在工作品質上，提升工作品質的目標是變成「不用盡全力也可以」的狀態。

這樣才能長久、不耗盡，為此各位要注意以下兩點：

重點1：應選擇取捨工作

重點2：洞察工作的「上位概念」

● 重點1：應選擇取捨工作

在選擇取捨工作時，一定要「釐清每項工作的目的」。換句話說，必須清楚「為什麼要做這項工作」，了解「非做這項工作不可的理由」。如果目的不明確，等於這項工作沒有目的，到最後很可能其實這項工作沒做也沒差。

大多數的企業都有許多從前任負責窗口那邊接手，卻

不知為何而做的工作。若能將所有工作分成「目的明確的工作」與「目的不明的工作」，有些工作就可以不用那麼急著做，甚至可以不做。

筆者有些客戶的公司部門會召開「捨棄會議」，選出目的不清的工作，全部捨棄。如此就能篩選出目的不明確的工作，將多出來的時間分配給更重要的工作，提升工作品質。

● 重點2：洞察工作的「上位概念」

首先，請各位看看下列對比：

①A：整體主題 vs B：個別主題
②A：長期主題 vs B：短期主題
③A：根本主題 vs B：表面主題

A與B相較，A是B的「上位概念」。

以開會為例，來思考「①A：整體主題 vs B：個別主題」這個概念。召開會議前，如果不設定「會議的整體主題」，就無法訂定會中討論的「個別議題」。不僅如此，若「會議的整體主題」失焦，會中討論的「個別議題」也會離題。簡單來說，從「整體與個別」的框架來看，相對

思考生產力

重要的上位概念就是「整體」。

「②A：長期主題 vs B：短期主題」，也是同樣的道理。以部門努力的目標為例，如果不設定「部門的長期方向」，就無法訂定達成目標的「短期方向」。換句話說，唯有設定長期主題，短期主題才會變得明顯，兩者之間更重要的上位概念是「長期主題」。

此外，「③A：根本主題 vs B：表面主題」也是一樣。舉例來說，製作好資料的能力與向周遭說明清楚的能力背後，都存在著思考力。由此可知，即使學會資料製作的卓越能力或高超的說明力，都屬於表面主題，真正重要的上位概念是「思考力」。

綜合上述內容，「整體」、「長期」、「根本」這些上位概念，決定了下位概念的型態。在不清楚上位概念的情況下，努力執行下位概念，相當於沒有「方針」就推動計畫，最後很容易陷入「無謂繞路」或「重做」的窘境（hack 46 圖表）。

反過來說，由於上位概念決定了下位概念的型態，只要掌握「整體」、「長期」、「根本」等重要性較高的上位概念，方針就會明確，有助於聚焦該努力之處，再也不用攬下所有工作拚命付出。

這麼做，可以產生以下的良性循環，讓你過著品質提

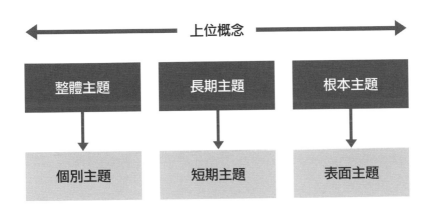

hack 46圖表　洞察工作的「上位概念」

上位概念

整體主題	長期主題	根本主題
個別主題	短期主題	表面主題

不設定整體主題，就
無法訂定個別主題

不設定長期主題，就
無法訂定短期主題

根本不改變，表面也
不會變

「整體」、「長期」、「根本」等上位概念，
決定了下位概念的型態

釐清重要性較高的上位概念，
就能確定「方針」，聚焦於「該努力之處」

不容易陷入「無謂繞路」或「重做」的窘境

247

升的生活，工作品質也能提升。

①洞察工作的上位概念

②釐清上位概念的方針

③聚焦於該努力的地方，減少白費時間與心力

④將多出來的時間運用在平衡工作與生活和投資自己

⑤透過投資自己，提升洞察上位概念的能力

hack 46 總結

◎ 捨棄目的不明確的工作，有效運用時間，提升工作品質。

◎ 釐清工作的「上位概念」，有助於提升工作品質。

hack 47 尋找答案 → 尋找問題

透過「適當的提問」解決問題

☹ 不知道該怎麼做才能找到問題的答案。

☹ 不知該從何做起。

　　大家遇到問題時，通常都會想要找出答案，想知道該怎麼做才能解決問題。但你是否也遇過以下情況，因此煩惱不已？

> 「我知道該有一些想法，但不知道該思考什麼。」
> 「我知道該做點事了，卻不知道該從何做起。」

　　如果你經常遭遇上述情況，請先別急著慌慌張張地尋找「答案」，先冷靜下來找出「對的問題」。

● 尋找答案遇到瓶頸

　　為了讓各位更容易了解，筆者利用以下的例子來說明。

　　假設你們公司的業績不好，若你急著找出「答案」，

一定會想「要怎麼做，才能夠提升營業額？」。要是你根本就不知道該怎麼做，很容易就會陷入「不知道該以什麼方式思考什麼重點」的窘境。

就算你很靈巧，在那麼多提高營業額的方法中，你也不知道哪一種比較適合、有效，最後很容易就變成不管三七二十一，先做再說。

魯莽地尋找答案很容易遇到阻礙與挫折，很容易只是憑著靈感盲目奔走，到頭來瞎忙一場。

● 持續問自己問題，深入問題所在

面對公司業績不好，如果你能夠先冷靜下來，專注「尋找對的問題」，一定會想到這一點：

> 究竟為什麼會發生業績不振的情形？

當你問自己這個問題，就能擺脫「不知道該從何做起」的狀態，積極尋找業績不振的原因，規劃下一步的動作。如果你發現，業績不振的原因是「客單價下降」，下一個問題就是：

> 哪些客人的客單價下降？

答案若是「年輕客層的客單價下降」，即可提出下一個問題：

| 為什麼年輕客層的客單價下降？

用這個方法持續問自己問題，就能將「問題」縮小成「該思考什麼？」，更能有效找到解決問題的線索。

急忙找出「答案」，反而容易使腦中一團混亂，陷入「不知道該以什麼方式思考什麼重點」的窘境，降低思考和工作的生產力。所以，**學會先別急著找出答案，聚焦在找出真正的問題所在，因此促進採取下一步正確的行動。**

如此一來，就能減少「不知道該想什麼」的狀態，透過各種提問獲得新觀點，想出具有創造性的解決方案（下頁hack 47 圖表）。

hack 47 總結

◎ 別急著想要立刻找出「答案」，要懂得找出真正的「問題所在」。

◎ 學會反覆提問、深入了解問題，有助於想出具有創造性的解決方案。

思考生產力

hack 47 圖表 「找出問題」比「找出答案」重要

慌慌張張 「尋找答案」	冷靜 「找出問題」
● 由於答案無限，很容易陷入「不知道該以什麼方式思考什麼重點」的狀態 ● 容易「想到什麼就做什麼」	● 反覆提問、深入問題所在，比較容易找到有效的解決對策 ● 透過各種提問獲得新觀點
解方失焦	解方正中紅心

hack 48 建立假設就去做

堅持正確答案

從 正 解 思 考 轉 成 假 設 思 考

☹ 不知道正確答案覺得很丟臉。

☹ 為了導出正確答案，必須學得更多才行。

　　開會時，很容易陷入以下想法而不敢發言，你是否也會這樣？

> 「在大家面前，一定要說出正確答案。」
> 「如果我的意見是錯的，該怎麼辦？」

　　請各位務必記得：**「這個世界上沒有『正確答案』，只有邁向未來的『可能性』。」**「一定會有正確答案」的刻板觀念，產生了許多阻礙與弊病。筆者過去也曾因為不知道正確答案而感到羞恥，每次遇到自己不知道的事情便立刻埋首上網搜尋，看遍群書，學習各種知識。

　　結果，得到的「正確答案」都來自別人（或其他事物），逐漸喪失了獨立思考的自主性。到頭來，變成可以

討論「搜尋就知道的知識」，卻無法說出自己獨創的見解，或是別人問自己意見卻答不出來。最後，別人不再詢問了，自己就像透明人一樣，存在感極低。

覺得這個世界上一定會有正確答案的「正解思考」，奪走了筆者的自信與自豪。

然而，無論是在社會上、在職場上或正在閱讀本書的你，都是朝著未來邁進的。除非有人能夠精準預測未來，否則這個世界上不可能有正確答案。**我們看到的，都是邁向未來的各種「可能性」，而這些可能性會因為你而改變，跟著你不斷演進。**

不管是優秀主管說的話、知名專家的意見或是本書內容，都只是朝向沒人確切知道的未來提出一個可能性而已。

在商業世界，可能性就是「假設」。「假設是尚待驗證的暫定答案」，既然尚未驗證，當然沒有正確答案。

話說回來，怎麼做才能擺脫尋求正確答案的習慣，建立屬於自己的「假設」？有以下兩大重點：

重點1：增加看待事物的觀點
重點2：累積法則

● 重點1：增加看待事物的觀點

工作時，經常會遇到從「單一觀點」思考事物，結果卻遭遇瓶頸的情形。思考受阻通常是因為只從單方面觀點鞏固自己的想法，此時若能從不同觀點重新檢視事物，就能有效突破瓶頸。

假設有人要你想出加油站的促銷策略，你會如何思考？

> 「加油站提供民眾加油的服務。」
> 「各地的加油站看起來都很像，看不出特色。」

若將加油站當成提供民眾加油的服務場所，很難想出好主意，很容易就遇到瓶頸。

若將加油站看成「駕駛人與工作人員接觸的地方」，從不同觀點看待，結果又如何？日本科斯莫石油有一句很有名的廣告詞：「心靈也加滿油，科斯莫石油。」加油站是「讓駕駛人的心靈加滿油」的地方，從這個新觀點形塑加油站，進而創造出這句廣告詞。

能從不同觀點綜觀所有事物，就能呈現與過去截然不同的面向。若能自由運用「多元觀點」，就能創造無數的「新假設」（可參見hack 39）。

● 重點2：累積法則

想要養成建立「假設」的習慣，第二個重點是不斷累積法則，明白凡事都有因果關係。

假設你在每天的工作和生活中，體會到「比起性能，一般人較容易對故事產生共鳴」，這就是你獨有的「法則」。你把這個「法則」放在大腦的抽屜裡珍藏起來，或是寫在筆記本上。

有一天，主管委託你發想一項好的促銷企劃，於是你打開大腦抽屜，將之前珍藏的法則拿出來運用，建立自己的新假設。最後，你想到的促銷概念是「與其主打商品目錄注重的性能，不如突顯商品開發的小故事，比較容易感動消費者。」

若能持續發現、累積闡述因果關係的法則，就能運用在各種機會，迅速建立自己的假設。

hack 48 總結

◎ 未來沒有「正確答案」，只有「可能性」。

◎ 增加看待事物的多元觀點，就能不斷發現新的「假設」。

◎ 主動累積「法則」，有助於迅速建立精準假設。

hack 49　善用思考框架

只靠靈感 不依賴第六感和發想力，運用思考框架

☹ 想要好好分析，卻不知該從何做起。

☹ 沒時間從零思考。

　　職場上要做的事相當多，包括「蒐集資訊」、「創意發想」、「製作資料」、「簡報說明」等。現代社會的腳步很快，若要從零思考所有業務，再多時間都不夠用。

　　遇到這種情形時，**建議各位善用「框架」。「框架」指的是調查與思考事物時常用的架構，這是大多數經營學者和顧問用來看待事物，使工作順利推動的工具。**

　　行銷界有一個框架稱為「PEST分析」。「PEST分析」框架結合了「Political（政治要素）」、「Economic（經濟要素）」、「Social（社會要素）」、「Technological（科技要素）」四個英文單字的首字母縮寫，有「從這四大觀點掌握世界動向」之意（hack 49圖表1）。

　　善用框架思考有以下三大優點：

hack 49 圖表1 「框架」的優點

迅速決定範圍

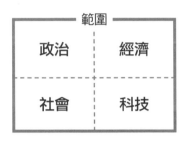

「該從哪裡做到哪裡？」
可以迅速決定執行範圍

掌握思考契機

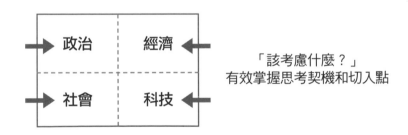

「該考慮什麼？」
有效掌握思考契機和切入點

可以避免遺漏與重疊

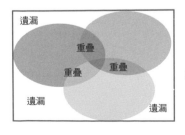

有效避免遺漏與重疊，
就能預防錯失重要因素和重複作業

> **優點1**：定義整體
>
> **優點2**：創造思考契機
>
> **優點3**：避免遺漏和重疊

◦ 優點1：定義整體

主管交代你蒐集世界潮流的資訊，你會怎麼做？「世界」的範圍很廣，光是決定哪些地方屬於「世界」，可能就要思索一番。

如果知道前述的PEST分析框架，只要掌握與自家公司業務有關的四大動向，就能定義整體。

巧妙運用框架思考，即可迅速明確定義範圍，大幅提升工作生產力。

◦ 優點2：創造思考契機

假設主管要你發想販售新商品的創意，你會從哪裡獲取靈感開始發想？

行銷界有一個「3C分析」框架，「3C」指的是「市場顧客（Customer）」、「競爭對手（Competitor）」、「公司（Company）」三個英文單字的首字母。懂得運用3C分析框架，就能掌握思考販售新商品的「契機」（如下所

示），加速思考應變速度。

> Customer：什麼新商品可以滿足市場顧客的需求？
>
> Competitor：什麼新商品可以滿足競爭商品沒能滿足的顧客需求？
>
> Company：什麼新商品可以突顯自家公司的強項？

● 優點3：避免遺漏和重疊

正在閱讀本書的你，或許聽過MECE分析法，MECE是英文「Mutually Exclusive and Collectively Exhaustive」的首字母縮寫，意思是「不重不漏」或「彼此獨立，互無遺漏。」

蒐集與分析資料如果有「遺漏」，很可能會錯失與成果有關的重要因素。另一方面，如果出現重疊，代表重複做了同一道工序（作業），降低工作生產力。

基本上，大多數的思考框架已經事先做過MECE分析法，我們只要按照框架蒐集與分析資料，就能避免「錯失重要因素」和「重複相同作業」（hack 49圖表2）。

hack 49圖表2　實用的思考框架一覽表

● 適合發現事業環境面的問題

PEST分析	「政治要素」、「經濟要素」、「社會要素」、「科技要素」
五力分析	「買方的議價能力」、「賣方／供應商的議價能力」、「新進者的威脅」、「替代品或服務的威脅」、「產業內現有競爭者的威脅」
3C分析	「市場顧客」、「競爭對手」、「自家公司」
4P分析	「產品」、「價格」、「地點」、「促銷」

● 適合發現組織面的問題

7S模型	● 硬體3S：「戰略」、「組織結構」、「制度」 ● 軟體4S：「理念」、「組織文化」、「人才」、「技能」
Will, Can, Must	「想做的事」、「能做的事」、「該做的事」
Katz管理知能模型	「技術能力」、「人際能力」、「概念能力」

● 適合發現行動、業務流程面的問題

價值鏈	● 主要活動：「進貨物流」、「製造營運」、「出貨物流」、「市場行銷」、「商品販售」、「售後服務」 ● 支援活動：「經營與管理」、「人力資源管理」、「技術研發」、「採購」
QCD管理	「品質」、「成本」、「交期」
PDCA循環式品質管理	「計畫」、「執行」、「查核」、「行動」

● 適合發現成本、財務面的問題

固變分解	「固定成本」、「變動成本」
直間成本	「直接成本」、「間接成本」

思考生產力

hack
49 總結

◎ 善用思考框架，可以迅速釐清工作範圍。

◎ 善用思考框架，有助於掌握思考事物的契機和切入點。

◎ 善用思考框架，可以避免「遺漏要素」和「重複作業」。

擴　展　視　野　，　增　加　選　項

☹ 受困於眼前的問題，動彈不得。

「思考事情時要綜觀整體！」

「要從長期觀點想！」

你的主管是否也曾經這麼教過你？

過分專心工作，很容易只聚焦在自己的事情或眼前的工作上。俗話說得好：「井底之蛙，不知道海有多大。」當視野狹隘，思考範圍也會跟著變窄，無法察覺新的可能性。

當一個人只能看到自己的事情或眼前的工作，就會被個別事物牽著走，無法根據整體趨勢和長期預估判斷大局。

不僅如此，視野狹隘會使人只在自己看得見的範圍內思考事物，完全無法想像自己看不見的世界，不知不覺就產生刻板觀念和偏見。

為了避免變成這樣的狀態，隨時提醒自己注意以下重點：

｜　我現在做的事情，只是整體工作的「一部分」。　｜

●「部分」與「整體」有何差異？

經常提醒自己擁有上述這樣的認知有助於擴展視野，意識到「整體」的存在。接下來舉例說明。

假設你是一家納豆製造商的行銷專員，業績不好，但不知道如何是好（hack 50 圖表）。

如果你提出的問題是：「如何在納豆市場獲勝？」，只要列出競爭商品清單一一比較，就能得到「如何戰勝競爭品牌 A」、「如何戰勝競爭品牌 B」等細項答案。

若能調整自己的觀點，明白「納豆市場只是整體市場的一部分」，就會發現納豆是放在飯上拌著吃的拌飯食品。也就是說，「納豆」只是「拌飯食品」的其中之一。換個角度來看，「拌飯食品市場」是「整體市場」，「納豆市場」是「部分市場」。

從這一點來思考，公司的競爭商品不只是「納豆」，「香鬆」、「蛋（蛋黃拌飯）」也包括在內。由此即可發現，業績低迷的原因不只是「競爭對手的納豆商品」，而是「拌飯商品」。

既然如此，你該思考的問題不只是「如何戰勝納豆商

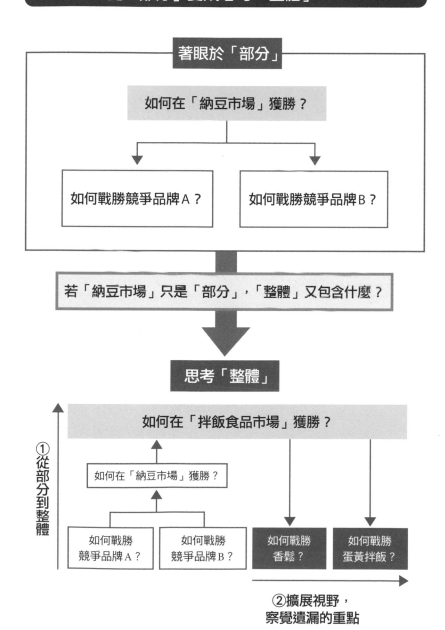

品？」，而是「如何戰勝拌飯商品？」。

　　綜合上述內容，**只要養成習慣隨時檢視自己做的事，明白「我現在做的只是部分」，就能瞬間擴大視野，察覺過去忽略的重點，這樣就能擴大解決問題的方法選項。**

hack 50 總結

◎ 養成反思檢視的習慣，明白自己現在做的只是「部分」，就能擴展視野。

◎ 當視野變大，就能察覺新的可能性和其他選項。

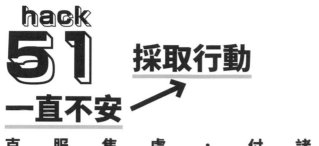

hack 51

一直不安 → 採取行動

克 服 焦 慮 ， 付 諸 行 動

☹ 心中覺得不安，擔心進展不順，結果一直停滯不前。

☹ 一想到失敗的風險，就不敢挑戰。

　　遇到需要挑戰新事物的工作，很多人都會感到不安，擔心「失敗了該怎麼辦？」，一直憂慮未來可能發生的負面影響。結果，不僅無法踏出第一步，就連手上的工作也毫無進展。

　　如果你發現自己陷入這樣的狀態，請務必實踐以下三大步驟：

步驟1：先做好未來一週的心理準備

步驟2：專注於「現在的行動」，而非「未來的結果」

步驟3：下一週重複步驟1與步驟2

步驟1：先做好未來一週的心理準備

首先，各位要做的是「做好未來一週的心理準備」。簡單來說，不要沉重地將新挑戰看成「未來要一直做下去的任務」，而是以輕鬆的心情告訴自己：「未來一週，我會全力以赴面對挑戰試試看。」

步驟2：專注於「現在的行動」，而非「未來的結果」

當你決定了要「好好努力一週」，就已經度過煩惱未來結果的局面，不是一直在擔心「失敗了該怎麼辦？」。

做好決定卻一直擔憂煩惱、躊躇不前，往往無法好好推動工作。當你的選項變成「這一週要好好做」，通常就能全力以赴，專注於眼前的行動。

一直在想「若進展不順利該怎麼辦？」的人，下意識將新挑戰視為沉重負擔。其實，我們很常在工作上遇到挑戰，但重大到足以影響一生的並不多，公司既不會因此倒閉，也沒有人會因此失去性命（參見hack 41）。

決定結果的不是命運，而是行動。以「一週」為單位，使人聚焦在我們可以控制的行動上，每天都有進展，而非一直擔憂「未來的結果」，導致手上工作一直遲滯不前（hack 51圖表）。

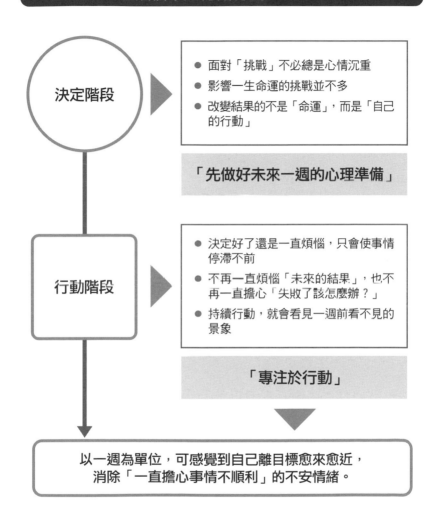

hack 51 圖表　一直煩惱不如付諸行動

決定階段

- 面對「挑戰」不必總是心情沉重
- 影響一生命運的挑戰並不多
- 改變結果的不是「命運」，而是「自己的行動」

「先做好未來一週的心理準備」

行動階段

- 決定好了還是一直煩惱，只會使事情停滯不前
- 不再一直煩惱「未來的結果」，也不再一直擔心「失敗了該怎麼辦？」
- 持續行動，就會看見一週前看不見的景象

「專注於行動」

以一週為單位，可感覺到自己離目標愈來愈近，
消除「一直擔心事情不順利」的不安情緒。

● 步驟 3：下一週重複步驟 1 與步驟 2

在這一週全力以赴，看到局面逐漸演變，就能察覺到一週前看不見的景象。到了這一步，請繼續重複以下兩個步驟：

> **步驟 3-1**：繼續做好下一週的心理準備
>
> **步驟 3-2**：聚焦於「現在的行動」，而非「未來的結果」

有效實踐這個方法，每過一週都能感覺到自己又往目標邁進一步，不知不覺就會發現自己對於「失敗風險」的不安情緒早已消失不見。

hack 51 總結

◎ 每次接下挑戰後，心情大可不必總是萬般沉重，設定期限、做好心理準備，一步步往下推展。

◎ 決定好了就專注於行動，不再瞎想。

hack

hack 52 思考結論 → 釐清前提

提 出 顛 覆 常 識 的 新 創 意

☹ 總是想不出好點子。
☹ 只能提出似曾相識的老哏。

筆者認為,拖垮生產力最大的原因之一是「絞盡腦汁,也想不出好點子。」自詡為理論派、重視邏輯的人,發想力和創造力較為薄弱。

需要構思新創意時,往往很容易急著找出結論(新創意)。不過,每個人往往已經建立常識和先入為主的觀念,想在毫無準備之下直接構思出新創意,通常會被既有框架束縛,很難浮現好創意,最後只能拼湊出似曾相識的點子。

當你感覺自己好像提不出新創意時,可以依循以下兩大步驟,有助於突破瓶頸。

步驟1:釐清既有常識
步驟2:顛覆既有常識

◉步驟1：釐清既有常識

　　構思新創意之前，各位可以先加入「釐清前提」的步驟。接下來，以「飯店」舉例說明，方便各位理解。

　　為了即將成立的新飯店構思創意時，大多數的人一開始就想要找出結論，希望知道「什麼樣的飯店才算『新穎』？」。在此之前，不妨先釐清「一般人重視飯店的哪一點」。換句話說，必須先明確定義關於「飯店」的常識。

　　一般常見關於「飯店」的常識，有以下幾點：

- 飯店是住宿的地方
- 飯店通常是整齊明亮的地方
- 飯店是體現待客之道的地方

　　無論是多麼「理所當然、不值得強調」的平凡觀點都沒關係，請將所有想得到的「飯店應有樣貌」的常識列舉出來，相信各位一定可以列出十幾二十個常識。

◉步驟2：顛覆既有常識

　　列出「飯店應有樣貌」的常識之後，請你換個角度思考：如果這些都不是「應有樣貌」的話，將會如何？半強

制性地融入「顛覆既有的革新觀點」（hack 52圖表），以下是舉例說明。

- 飯店是住宿的地方→如果不是住宿的地方，那是什麼樣的場所？
- 飯店通常是整齊明亮的地方→如果不是整齊明亮的地方，那是什麼樣的場所？
- 飯店是招待客人的地方→如果不是招待客人的地方，那是什麼樣的場所？

先提出一般人對於飯店的「常識」與「刻板觀念」，就能融入顛覆常識的革新觀點，更容易發想出「前所未有的新創意」。

以下是發想新創意的流程：

- 飯店如果不是住宿的地方，那是什麼樣的場所？
→和三五好友下班後聚會小酌，宛如在家般放鬆的地方。
→在客房內欣賞體育賽事或演唱會表演的地方。

- 飯店如果不是整齊明亮的地方，那是什麼樣的場所？

發想能力

hack 52圖表　如何發想出顛覆前提的革新觀點

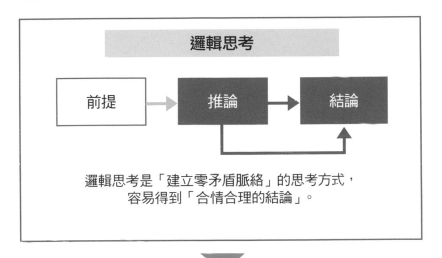

邏輯思考

前提 → 推論 → 結論

邏輯思考是「建立零矛盾脈絡」的思考方式，
容易得到「合情合理的結論」。

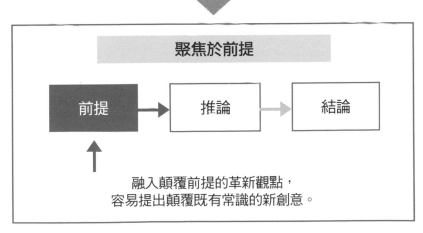

聚焦於前提

前提 → 推論 → 結論

融入顛覆前提的革新觀點，
容易提出顛覆既有常識的新創意。

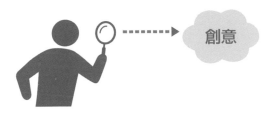

創意

→宛如「唐吉訶德」充滿魔境感的地方。

→在館內享受休閒設施和冒險活動的地方。

● 飯店如果不是招待客人的地方，那是什麼樣的場所？

→在館內享受露營樂趣的地方。

→宛如別墅，館外全部自助服務的地方。

大家常說創意和創新是「顛覆常識，創造新常識」，既然如此，發想時不要急著跳到結論。**按照步驟發想，先釐清「現有的常識」，再找出「顛覆既有常識的方法」，這樣更容易創造出「顛覆常識的新創意」。**

思考與發想的過程，大致可以分成以下三大步驟：「設置前提」→「展開推論」→「獲得結論」。邏輯思考（參見hack 40）主要強調後面兩步驟「展開推論」與「獲得結論」，構思「創意」的祕訣則在於聚焦第一步驟「設置前提」，並且有效結合顛覆前提的觀點。

筆者在本篇一開頭寫道：「理論派的人發想力較為薄弱」，若能理解思考過程可分成「前提→推論→結論」三步驟，體認到「創意＝打破前提」，就能將不擅長變為擅長。

hack 52 總結

◎ 發想時，不要倉促構思創意、急著提出點子，
可以先列出「普通常識」。

◎ 然後，以顛覆的角度看待列出來的「普通常識」，
這樣有助於提出新創意。

發想能力

hack 53 具體思考 → 概念思考

自由切換於無形概念與具體事物，發想出新創意

☹ 想知道創意鬼才的思考迴路。

　　商業世界有些人被稱為「創意鬼才」，總是能夠想出源源不絕的創意。他們究竟是如何運用大腦的呢？

　　所有創意專家在運用大腦時都有一個共通點，那就是可以自由切換「抽象概念」與「具體事物」。

> 重點1：具體→概念
> 重點2：概念→具體

● 重點1：具體→概念

　　假設你面前有一張「紙」，創意鬼才可能不光以「實體的紙」來看待這張紙，而是根據下列要領，以「無形概念」重新解讀：

①紙＝可以寫字、畫畫

②紙＝可以包東西

③紙＝可以摺

④紙＝可以擦拭

⑤紙＝可以墊東西

⑥紙＝可以貼

⑦紙＝可以裝飾

⑧紙＝可以過濾

像這樣將紙抽離「具體事物」，就能衍生出許多不同的「無形概念」，不讓紙受限於單一實體事物，脫離固定實體解讀、創造出許多創意。

在這個範例中，「紙」衍生出八個不同「概念」——就是商業界常講的「concept」。

◉ 重點2：概念→具體

創意專家從一項要素衍生出「無形概念」後，接下來就會想「如何將無形概念具體化」。本篇的重點1是從「具體」切入「概念」的思考方式，重點2則是從「概念」切入「具體」的思考方式。

以「紙＝可以包東西」為例，可以衍生出以下的具體事物：

①包信的東西＝信封
②包禮物的東西＝包裝紙
③包私人物品的東西＝紙箱
④包錢的東西＝禮金袋
⑤包嬰兒屁股的東西＝紙尿布

剛剛我們從紙衍生出八個概念，若每個概念都能衍生出五項具體事物，八個概念乘五項具體事物，總計可以發想出四十個創意。這就是創意專業人士運用大腦的真正方式（hack 53圖表）。

一般來說，「具體事物」只有一種存在，但可以用來解讀具體事物的「切入點」有無限多。**有多少切入點，就有多少概念。創意人士充分理解這一點，明白無須受限於單一具體，從無形概念加以解讀，更容易創造出更多點子。**

只要成功衍生出不同的「無形概念」，再以這些概念為靈感思考「具體化的方法」，就能擴大創意。

若能學會「自由切換『抽象概念』與『具體事物』的大腦使用法」，無論是否天賦異稟，任何人都能提出更多創意。

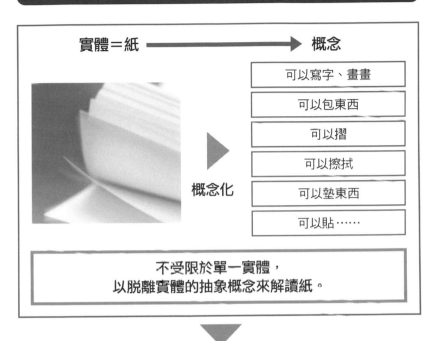

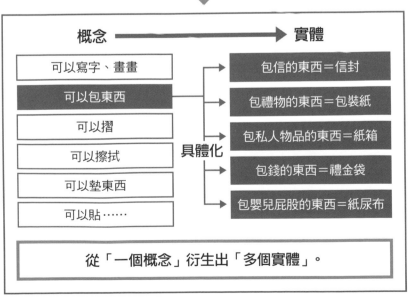

hack 53 總結

◎ 以「無形概念」解讀「具體事物」，更容易提出創意。

◎ 只要衍生出不同的「無形概念」，就能發想出不同的「具體事物」，擴大創意。

hack 54

邏輯思考 → 類比思考

培　養　聞　一　知　十　的　能　力

☹ 想要養成類比思考的能力。

☹ 想把學到的知識運用在其他領域。

　　凡是員工人數多到一定程度以上的公司，都有「不管交付任何工作都能做得很好的優秀人才」。他們不只對經歷過的事物反應很快，對於未知經驗也能迅速學習，具備「聞一知十」的能力，這是他們的共通點之一。

　　優秀的顧問在面對自己從未遇過的問題時，只要「聞一」就能立刻推論出「剩下的九」，看清全貌。毫無業界經驗的創業家能在全新領域創業成功，也是因為「聞一」就能推論出「剩下的九」，掌握了發展成就事業的能力。

　　即使是陌生領域，只要具備「聞一知十」的靈活能力，就能進一步擴展視野、提出許多發想，而個中關鍵在於「類比思考」（可參考 hack 40）。

　　那麼，如何學會或強化類比思考的能力？可透過以下三大步驟：

> **步驟1**：從經驗中學習
>
> **步驟2**：將個別特性一般化
>
> **步驟3**：把學會的知識運用在不同領域

● 步驟1：從經驗中學習

「類比思考」包括「將從經驗中學到的知識和技巧，運用到陌生領域的能力。」 接下來，以「RPG遊戲」（角色扮演遊戲）為例，簡單說明這三個步驟發展。

總的來說，RPG遊戲有以下三大要素：

①玩遊戲時若沒有任何謀略，主角很容易就會死掉，無法破關。

②遊戲主角必須打倒怪獸，才能增加經驗值。

③遊戲主角拿到各種道具就能變強。

以上這些內容，只能算是列出RPG遊戲的「特性」，若從RPG遊戲玩家的「經驗」來看，可以得出以下心得：

①只要事先知道每一關的配置和難度，很容易就能破關。

②優先打倒經驗值較多的怪獸，可以有效提升經驗值增加的速度。

③遊戲角色各有資質與個性，若沒有找到適合各自資質與個性的道具，就無法變強。

● 步驟2：將個別特性一般化

接著，脫離RPG的世界，以一般眼光重新解讀。解讀過程如下：

①攻略最重要的是「理解全貌」，掌握「個別難度」。

②想要有效提升成長速度，必須考量優先順序。

③每個人都有個性與特質，必須找出有助於成長且符合個性與特質的方法。

● 步驟3：把學會的知識運用在不同領域

把從RPG遊戲學到的心得運用在不同領域，例如：提升工作技能，就會有以下發展：

①理解「業務技能的全貌」，掌握「各領域的

　「難度」，是具備一流業務技能的關鍵。

②必須考量優先順序，才能提升培養業務技能的
　速度。

③必須找出適合自己個性與特質的方式，而非通
　用概論，才能有效提升業務技能。

　　讀到這裡，各位是否納悶「把玩RPG遊戲的經驗運
用在業務技能上，會不會太無厘頭？」但聞一知十的人早
就具備「類比意識」，懂得將不同領域學到的心得，運用
在自己的工作上（hack 54圖表）。

　　若一直擁有這種類比思考的能力，就能提出不受限於
現狀的新發想。當一個人的工作經驗愈長，思考模式很容
易僵化，「受制於」過去的經驗。簡單來說，呆板受制於
「過去經驗」，正是難以提出新發想的自明之理。

　　不過，妥善學會或強化類比思考的能力，就能將其他
領域的心得，運用在自己熟悉的領域。**這種思考方法也就
是著眼於「自己擅長的領域之外」，再把從中得到的心得
運用在「自己擅長的領域之內」的思考方法，有助於培養
超越自己擅長領域的發想力和創造力。**

　　反過來說，不懂類比思考有多重要的人，不習慣將
過去經驗運用在其他領域，只能分別看待事物，無法一以

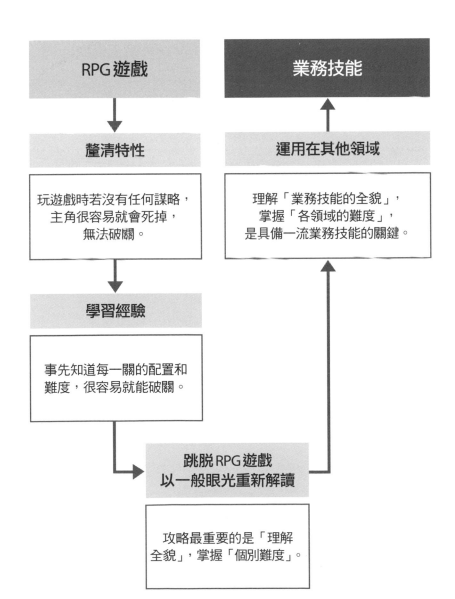

hack 54圖表　透過「類比思考」擴大發想和創意

RPG 遊戲

業務技能

釐清特性

運用在其他領域

玩遊戲時若沒有任何謀略，
主角很容易就會死掉，
無法破關。

理解「業務技能的全貌」，
掌握「各領域的難度」，
是具備一流業務技能的關鍵。

學習經驗

事先知道每一關的配置和
難度，很容易就能破關。

跳脫RPG遊戲
以一般眼光重新解讀

攻略最重要的是「理解
全貌」，掌握「個別難度」。

貫之。這很容易陷入「業務經驗無法運用在其他領域」、「業務心得無法運用在未來業務」等狀況，變成舉一反一、不知變通，發想能力十分有限，使得發想範圍變得十分狹隘。

hack 54 總結

◎ 學會「把過去經驗的心得」運用在「陌生領域」的思考方法，透過類比思考擴展發想範圍與自己的能力。

著眼於感性

理性思考 →

注 重 感 性 面 ， 而 非 合 理 性

☹ 想要學會與邏輯思考不同的想法。
☹ 想要開發出令人感動的商品。

　　商業界普遍認為「保持理性是正確的行為」，總是輕忽「情感表現」，甚至有一股風潮認為「不要感情用事」、「能控制情緒的人才能獨當一面」，將情感表現視為阻礙業務發展的絆腳石。

　　不過，人類的大腦有右腦與左腦，每個人都有理性面與感性面，**若論發想與創意，聚焦感性面的效果最好。**

● 普遍認為合理的事物，不算嶄新創意

　　假設你面前有好幾種罐頭，你想利用這些罐頭推出具有吸引力的「罐頭禮盒」，你會如何組合？怎樣才能組合出吸引消費者的商品？

　　從理性面思考，你可能會想出「以『消費者需求最高』的罐頭為主」、「以『價格實惠』的罐頭為主」或

「以『符合緊急避難使用』的罐頭為主」這類點子。

　　這些點子確實都很合理，但「合理」指的是「任誰來看都符合道理」，不算什麼嶄新創意。

● 聚焦情感，提出創意

　　為了提出嶄新創意，請各位務必留意聚焦在「感性面」上（hack 55圖表）。

hack 55圖表　「聚焦情感」勝過「理性思考」

理性思考	聚焦情感
● 符合邏輯，合乎道理 ● 換言之，就是「普通、平凡無奇」	● 每個人都有喜怒哀樂 ● 玩心、冒險心、知識好奇心
↓	↓
不算是嶄新創意 ✕	打動人心的創意 〇

　　舉例來說，大多數的人聽到「遊樂園」都會很開心，對吧？如果以「遊樂園」為主題設計綜合罐頭禮盒，你覺得如何？組合方式也可以花點巧思，捨棄井然有序的無聊排法，配置成旋轉木馬的模樣。禮盒的包裝設計也可以參考遊樂園，取名為「罐頭遊樂園」。

　　若是聚焦在「人類的玩心」等感性面，而非理性面，就能浮現出與過去截然不同的罐頭組合創意。

　　如果聚焦在人類情感的「知識好奇心」，或許會想出「圖鑑」這類主題。舉例來說，如果以海鮮罐頭為主角，同時在禮盒內放入商品說明單，介紹罐頭使用的海鮮，就能完成邊吃邊學的圖鑑型綜合罐頭禮盒。

　　另一方面，若將重點放在人類抱持的「冒險心」上，就能想出以「旅行」為主題環遊世界享受美味的綜合罐頭禮盒。

　　邏輯思考在商業世界一向受到重視與吹捧，但這正是「關注人們情感面的能力」具有稀缺價值的原因所在。如果你想提出超越理性、打動人心的好點子，請著眼於人類的感性面。

發想能力

hack
55 總結

◎ 超越理性思維，聚焦在人類擁有的「情感面」上，就能提出新的構想。

◎ 聚焦在「人類情感面需求」的能力，具有珍貴價值。

hack 56　一人思考 → 眾人思考

學　習　文　殊　智　慧

⊗ 自己一個人想得入迷，卻想不出結論。

⊗ 一個人想，怎麼也想不出好點子。

　　責任感愈強的人，最後總是很容易變成獨立作戰。不過，任何工作都有期限，也有人在等著你完成工作，以接手處理後續流程，絕對不能扯這些人的後腿（參考hack 10）。

　　尤其是與發想創意有關的業務，並不是花時間就能想出好點子，有可能花愈多時間，結果卻一直卡在那裡。

　　人類的大腦有一種特性，那就是會整理並系統化吸收到的資訊。在不斷執行這兩個步驟的過程中，我們會形成固定的思考模式，導致視野受限於固定框架中。希望各位可以留意這一點：**思考或發想時，不要只會運用自己的大腦，應該集思廣益。**

　　當進度卡住、工作不順利時，我們很容易就會聚焦在「單一觀點」上。此時，若能與團隊成員一起思考，就能從不同觀點解讀同一件事，你一定會發現自己一人未曾察

覺到的各種面向。

如此一來，你就能靠團隊的力量來修正僵化的思考模式，學會多角度看待事物的方法（hack 56圖表）。

此時，請務必留意以下兩點：

> **重點1**：借助不同團隊成員的力量
>
> **重點2**：重視包容性

hack 56圖表　「集思廣益」勝過「閉門造車」

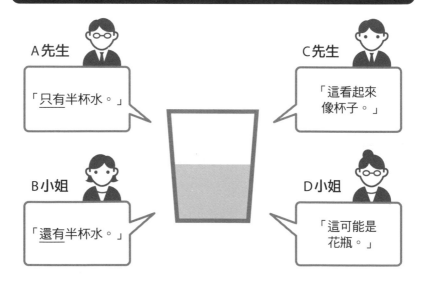

A先生
「只有半杯水。」

C先生
「這看起來像杯子。」

B小姐
「還有半杯水。」

D小姐
「這可能是花瓶。」

大家集思廣益，
就能發現自己一人未曾察覺到的各種面向。

● 重點1：借助不同團隊成員的力量

筆者有時會用「顏料的顏色」來比喻多樣性。如果團隊成員都是同一種顏色，完成的作品就會顯得比較單調，各位應該都能想像得到。

如果每位成員都是不同顏色的顏料，創作出來的作品顏色就會多過一個人的單色，變得色彩繽紛。

一個人埋頭「獨自苦思」，其實是「延續自己過去的經驗」，但過去的經驗有時無法創造出足以突破現狀的創意。

把自己放在多樣性的環境之中，傾聽個性不同的成員擁有的創意，獲得過去從未擁有的「視野、角度與觀點」，一定有助於發想出具有高度創造性的點子。

● 重點2：重視包容性

「包容性」指的是以平常心寬容看待與自己不同的意見或想法。

擅長邏輯思考、喜歡辯論的人，最喜歡以「邏輯」為後盾，駁倒大家的意見。一旦陷入這種情況，久而久之，團隊成員就會覺得「反正說了也沒用，都會被否決」，最後只會提出可有可無的意見。

團隊成員無法暢談個人觀點或想法的環境，是活化多

樣性、發揮創造力最大的阻礙。若想一直獲取新創意，就要包容團隊成員的多元意見，欣然接受不同的想法，這一點很重要。

如此一來，團隊成員就不會畏怯其他人的反應，也不必因為自己提出的想法感到難為情，有助於自由發揮創造力。

hack 56 總結

◎ 不要只會自己動腦苦思，要懂得善用團隊的力量激盪出更好的點子。

◎ 無論團隊成員提出什麼點子，都要發揮包容心，欣然接受。

hack 57

從現狀思考 → 從未來回推

設定理想未來，從根本解決問題

⊗ 只能想出細微瑣碎的改善對策。

　　發想新創意時，通常會在不知不覺間採取以下其中一種方法：

> **方法1**：從現狀思考未來
> **方法2**：從未來回推構思

　　若想構思出前所未有的嶄新創意，建議採取第二個方法，也就是「著眼於未來，再從未來回推構思」的發想方式。

　　構思新創意時，往往很容易聚焦在「現在該做的事」上，但是這個方法只能看到「現有的問題」，想出來的點子也只能「針對現狀解決問題」，不容易提出偉大宏觀的好創意。

　　若能先描繪出「理想未來」，從未來回推能導出不同

觀點，就能擺脫僵化的思考模式，提出更具創造性的點子。

❧ 方法 1：從現狀思考的極限

假設你所屬的業務部業績愈來愈差，你分析原因後發現問題是「業務員打電話約客戶的次數減少」。如果從「現狀」思考，提出來的解決方案就是「增加打電話約客戶的次數」，希望藉此提升營業額。

但是，公司的業務員人數有限，每個業務員的工作時間也有限，因此「打電話約客戶的次數」不可能無限增加。這個方法雖然多少可以提升營業額，但是沒多久一定又會遇到瓶頸（可參考 hack 45）。

❧ 方法 2：從理想未來回推

倘若「先描繪理想未來，再從未來回推」，會想出什麼樣的點子呢？對業務員來說，理想未來是「無須打電話約客戶，潛在客戶也會自己上門。」

因此，一流的業務員可能會想出「提升銷售商品的知名度」、「透過網站增加自來客」、「業務員專注於自來諮詢客（非打電話約的客戶）的成交率」等解決方法（hack 57 圖表）。

懂得將過去和現狀擺在一旁，從「理想未來」回推，

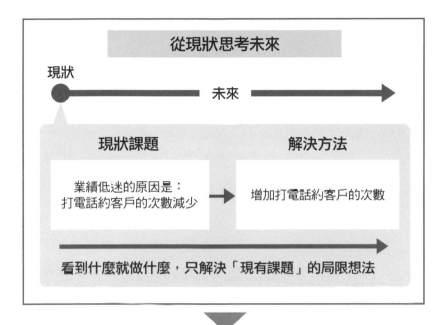

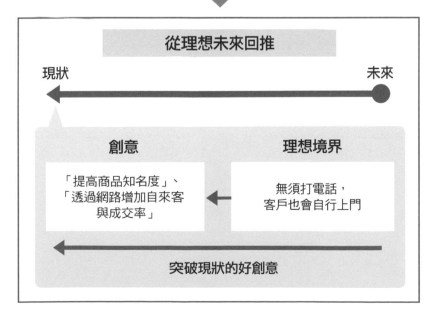

有助於想出突破現狀的嶄新創意與方法。

● 從根本改革勝過解決小問題

很多人以為，只要一一解決現狀的小問題，有朝一日一定能夠實現零瑕疵的理想未來，這是錯誤的期待。

局限於小範圍的現狀來思考解方，不僅無法想出超越現狀的革新方法，得到的結論很容易淪為「延續現在的成果繼續努力」。

想要突破現狀、提出革新創意，必須先確定「理想目標」，接著釐清「達成目標的必要條件」，再思考「哪些階段規劃與資源（人、物、錢）可以滿足這些條件？」。

hack 57 總結

◎ 想要突破現狀、提出具創造性的點子，可以著眼於「理想未來」回推方法。

後記
打破努力迷思，
用最小投入做出最大成果

「我能夠讓這個世界上沒自信的人愈來愈少嗎？」

這是我撰寫這本書的起心動念。

仔細研究「為何失去自信？」，會發現通常源自以下兩大原因：

①想找出「正確答案」的思維方式

②希望「做到完美」的思維方式

乍看之下，這兩種思維方式都相當值得讚揚，但如果過度，就會導致生產力低落、喪失自信，侵蝕心理健康。

我在前文中提過，人不是神，不可能精準預測未來。商業世界是針對「不可預測的未來」邁進，關於未來沒有正確答案，只有各種「可能性」。

一旦認為未來一定有正確答案，並且一味追尋不存在的「正解」，反而容易因為「找不到正確答案」而受挫，

降低自信。當你失去自信，很容易無法好好迎接接下來的挑戰。

我的前著《提高問題解決力》（問題解決力を高める「推論」の技術），就是為了解決上述狀態而寫的。當我們養成對於未來可能性的「推論力」，就能擺脫害怕找不到正確答案的恐懼心理，也能改變遲遲不作為的自己。不僅如此，還能從環境變化找出各種可能性，建立適當推論，塑造可以主動開拓可能性的自己。

不過，無論養成多麼高超的「推論力」，若心態上過度追求完美，反而會在行動時削弱自信，這就是我想寫這本書的原因。

日本人自古認為「努力是一種美德」。即使你成功提升了自己的推論力，若誤以為「努力一定可以完成更多工作」，「只要努力，就能在有限的時間內做好所有工作」，便會將「加班完成工作」視為理所當然。

但是，你每天的工作時間是有限的。一旦工作量超過負荷，就會面臨「努力加班也無法完成全部工作」的日常窘境。

日本是先進國家中，白領生產力較低的國家。「勞動人口減少」、「改革工作型態」、「維持工作與生活的平衡」早已是世界潮流，未來的時代不是以工作量受到認可，而

是以最小的投入做出最大的成果，藉由工作品質與成效受到各界肯定。衷心希望這本書能夠幫助你達成目標。

最後，本書日文版出書時，筆者有幸獲得各方的協助與支持。

感謝在出版過程中盡心盡力的朝日廣告社股份有限公司熊坂俊一首席執行董事、石井弘益本部長、橫尾輝彥局長，還有在寫稿過程中鼓勵我的朝日廣告社股份有限公司策略規劃部佐佐木先生、水溜彌希女士、中野拓馬先生、梅野太輝先生、關口純平先生、村田理沙女士、バチボコ的平松幹也先生。同時，也要謝謝協助我在假日寫稿的妻子友香、長子溫就、長女和佳、次女蕾美。

還有許多盡心協助我的各界人士，容我在此再次感謝各位。

附帶一提，本書的內容都是筆者個人見解，不代表所屬組職的意見。

羽田康祐 k_bird

参考書目

羽田康祐k_bird 問題解決力を高める「推論」の技術 FOREST出版

淺田卓《20個字的精準文案》（すべての知識を「20字」でまとめる　紙1枚！独学法）

小宮一慶 ビジネスマンのための「発見力」養成講座 Discover 21

吉澤準特《解決問題的三大思考法》（ビジネス思考法使いこなしブック）

中村俊介「ピラミッド構造」で考える技術 すばる舎

波頭亮 論理的思考のコアスキル 筑摩書房

內田和成《假説思考》（仮説思考）

細谷功 アナロジー思考 東洋經濟新報社

苅野進 考える力とは、問題をシンプルにすることである。Wani Books

安宅和人《議題思考》（イシューからはじめよ）

泉本行志 3D思考 Discover 21

安澤武郎 ひとつ上の思考力 CrossMedia Publishing

細谷功 具体と抽象 dZERO

谷川祐基 賢さをつくる頭はよくなる。よくなりたければ。CCC Media House

石井守「誰でもアイデアを量産できる」発想する技術 エムズク
　　リエイト

河西智彦 逆境を「アイデア」に変える企画術 宣伝会議

葛瑞格・麥基昂（Greg McKeown）《少，但是更好》（*Essentialism*）

伊賀泰代《麥肯錫都用這8招做到超效率生產力》（生産性）

田路和也《有錢人都在用的人生時薪思考》（仕事ができる人の最
　　高の時間術）

本田直之《槓桿時間術》（レバレッジ時間術）

勝間和代 断る力 文藝春秋

大嶋祥譽《迷你思考》（仕事の結果は「はじめる前」に決まって
　　いる）

小林正彌 最速で10倍の結果を出す他力思考 PRESIDENT社

長谷川孝幸 5分間逆算仕事術 三笠書房

佐佐木正悟《再見，拖延病！》（先送りせずにすぐやる人に変わ
　　る方法）

越川慎司《我要準時下班！終結瞎忙的「超・時短術」》（仕事の
　　「ムダ」が必ずなくなる超・時短術）

塚本亮「すぐやる人」と「やれない人」の習慣 明日香出版社

横田尚哉 ビジネススキルイノベーション PRESIDENT社

飯田剛弘 仕事は「段取りとスケジュール」で9割決まる！ 明日
　　香出版社

河野英太郎《頂尖人士的職場武器 99％人忽略的1％工作訣竅！》

（99％の人がしていないたった1％の仕事のコツ）

松本利明《努力・不如用對力》（「ラクして速い」が一番すごい）

澤渡海音 職場の問題地図 技術評論社

塚本亮 ケンブリッジ式1分間段取り術 あさ出版

柳生雄寛《決斷力的練習》（なかなか自分で決められない人のための「決める」技術）

吉田行宏《成長心態》（成長マインドセット心のブレーキの外し方）

伊藤羊一《極簡溝通》（1分で話せ）

高田貴久 ロジカル・プレゼンテーション 英治出版

田中耕比古《世界最強顧問的6堂說話課》（一番伝わる説明の順番）

深澤真太郎 伝わるスイッチ 大和書房

中尾隆一郎《最高數字思考術》（「数字で考える」は武器になる）

河田真誠《問出改變力》（革新的な会社の質問力）

粟津恭一郎《你問的問題，決定你是誰》（「良い質問」をする技術）

新岡優子《不懂引導問話術，主管自己累成渣》（仕事の質が劇的に上がる88の質問）

河村有希繪 課題解決のための情報収集術 Discover 21

野崎篤志 調べるチカラ 日本經濟新聞出版

坂口孝則 社会人1年目からの「これ調べといて」に困らない情報収集術 Discover 21

榊巻亮 世界で一番やさしい資料作りの教科書 日經BP社

永田豊志 仕事がデキる人の資料作成のキホン すばる舎

清水久三子 プロの資料作成力 東洋經濟新報社

永田豐志《圖解思考　超技術》(頭がよくなる「図解思考」の技術)

村井瑞枝《解決不了的問題，用「畫」的就對了！》(図で考える
　　とすべてまとまる)

榊巻亮 世界で一番やさしい会議の教科書 日經BP社

榊巻亮 世界で一番やさしい会議の教科書実践編 日經BP社

谷益美 まとまる！決まる！動き出す！ホワイトボード仕事術
　　すばる舍

hack
58
管理者交辦技術

 **星出版** 財經商管 Biz 025

用最小力氣，做出最大成果
減量增質，啟動高效工作思維

無駄な仕事が全部消える超効率ハック

作者 —— 羽田康祐 k_bird
譯者 —— 游韻馨

總編輯 —— 邱慧菁
特約編輯 —— 吳依亭
校對 —— 李蓓蓓
封面完稿 —— 李岱玲
內頁排版 —— 立全電腦印前排版有限公司

出版 —— 星出版／遠足文化事業股份有限公司
發行 —— 遠足文化事業股份有限公司（讀書共和國出版集團）
　　　231 新北市新店區民權路 108 之 4 號 8 樓
　　　電話：886-2-2218-1417
　　　傳真：886-2-8667-1065
　　　email: service@bookrep.com.tw
　　　郵撥帳號：19504465 遠足文化事業股份有限公司
　　　客服專線 0800221029
法律顧問 —— 華洋法律事務所 蘇文生律師
製版廠 —— 中原造像股份有限公司
印刷廠 —— 中原造像股份有限公司
裝訂廠 —— 中原造像股份有限公司
登記證 —— 局版台業字第 2517 號

出版日期 —— 2024 年 04 月 24 日第一版第一次印行
定價 —— 新台幣 450 元
書號 —— 2BBZ0025
ISBN —— 978-626-97659-6-6

著作權所有　侵害必究

星出版讀者服務信箱 —— starpublishing@bookrep.com.tw
讀書共和國網路書店 —— www.bookrep.com.tw
讀書共和國客服信箱 —— service@bookrep.com.tw
歡迎團體訂購，另有優惠，請洽業務部：886-2-22181417 ext. 1132 或 1520

本書如有缺頁、破損、裝訂錯誤，請寄回更換。
本書僅代表作者言論，不代表星出版／讀書共和國出版集團立場與意見，文責由作者自行承擔。

國家圖書館出版品預行編目（CIP）資料

用最小力氣，做出最大成果：減量增質，啟動高效工作思維／
羽田康祐 k_bird 著；游韻馨 譯 .-- 第一版 .-- 新北市：星出版，
遠足文化事業股份有限公司發行 , 2024.04
320 面；15x21 公分 .--（財經商管；Biz 025）.
譯自：無駄な仕事が全部消える超効率ハック

ISBN 978-626-97659-6-6（平裝）

1.CST: 工作效率 2.CST: 職場成功法

494.35　　　　　　　　　　　　　　　　　112022096

新觀點
新思維
新眼界

Star

星出版